Policy Technology and Practice on Ultra-low
Emission of Coal-fired Power Plants in China

我国燃煤电厂超低排放政策、技术与实践

主 编 王 圣

副主编 黄亚继 陈奎续 张荣初 王锋涛

中国电力出版社
CHINA ELECTRIC POWER PRESS

内 容 提 要

本书以我国燃煤发电行业超低排放的巨大贡献为引导，以存在的局部问题为导向，目标是能够进一步完善短期内成熟的超低排放技术，以及提高环保设施运营与管理水平，系统优化污染防治各环节。本书系统地对我国燃煤发电行业超低排放的政策发展与技术路线进行了梳理，重点对我国燃煤发电超低排放以来发现的除尘问题、脱硫问题、脱硝问题、固体废弃物问题以及环境影响评价问题等进行了详细分析，并提出了相应的对应措施。

本书可供电力行业与环保系统的管理人员、工程技术人员、科研人员、政府部门的决策等相关人员参考，也可作为高等院校能源电力、环境保护、管理科学、工程技术等相关专业师生参考用书。

图书在版编目（CIP）数据

我国燃煤电厂超低排放：政策、技术与实践／王圣主编 . —北京：中国电力出版社，2020.7
ISBN 978-7-5198-4659-6

Ⅰ．①我… Ⅱ．①王… Ⅲ．①燃煤发电厂－烟气排放－污染防治－研究 Ⅳ．① X773.013

中国版本图书馆 CIP 数据核字（2020）第 078886 号

出版发行：中国电力出版社
地　　　址：北京市东城区北京站西街 19 号（邮政编码 100005）
网　　　址：http://www.cepp.sgcc.com.cn
责任编辑：赵鸣志
责任校对：黄　蓓　马　宁
装帧设计：赵姗姗
责任印制：吴　迪

印　　刷：三河市万龙印装有限公司
版　　次：2020 年 7 月第一版
印　　次：2020 年 7 北京第一次印刷
开　　本：787 毫米×1092 毫米　16 开本
印　　张：10
字　　数：172 千字
印　　数：0001—2000 册
定　　价：58.00 元

《我国燃煤电厂超低排放：政策、技术与实践》
编委会

前　言

2013 年 9 月 10 日，国务院发布《大气污染防治行动计划》（国发〔2013〕37号）。根据《大气污染防治行动计划》，个别特大城市禁止建设燃煤电厂，由此存在面临天然气资源缺乏和电力短缺的双重矛盾。为此于 2012 年提出"新建的燃煤电厂达到燃气轮机组的大气污染物排放值是否可以建设"的问题，进而有电力企业在现有煤电机组上进行了有益尝试。2013 年初，湿式电除尘器（WESP）在我国 300MW煤电机组烟气净化改造工程中正式投运，除常规的烟尘、二氧化硫和氮氧化物外，对细颗粒物、雾滴、三氧化硫、汞及其化合物等均有很好的去除效果。

从政策层面而言，2014 年 6 月国务院办公厅印发的《能源发展战略行动计划（2014—2020 年）》中首次提出：新建燃煤发电机组污染物排放接近燃气机组排放水平。由此拉开了我国燃煤电厂超低排放的序幕。2015 年 12 月，环境保护部、国家发展改革委等出台了燃煤电厂在 2020 年前全面完成超低排放改造的具体方案。

从实践层面而言，2014 年 6 月，神华国华舟山电厂成为我国历史上第一个新建类的超低排放燃煤电厂；2014 年 7 月，浙江浙能嘉华发电厂成为我国历史上第一个改造类的超低排放燃煤电厂，我国也由此正式开启了燃煤电厂超低排放的时代。截至 2018 年三季度末，我国煤电机组累计完成超低排放改造 7 亿 kW 以上，提前超额完成 5.8 亿 kW 的总量改造目标，加上新建的超低排放煤电机组，我国达到超低排放限值煤电机组已达 7.5 亿 kW 以上，占全部煤电机组的 75% 以上，为我国节能减排做出了巨大贡献。根据生态环境部公布信息，截至 2018 年底，全国达到超低排放限值的煤电机组达 8.1 亿 kW，约占全国煤电机组总装机容量的 80%。随着电力行业节能减排的成功实践，全面实施燃煤电厂超低排放和节能改造上升为一项重要的国家专项行动。

从技术层面而言，在国家超低排放政策的大力推动下，电力环保科技取得了一系列重大突破。除尘领域开发出低低温电除尘、旋转电极电除尘、高频电源、脉冲电源等电除尘新技术，以及超净电袋复合除尘技术；脱硫领域开发出旋汇耦合脱硫除尘一体化、双 pH 值循环技术（单塔双循环、双塔双循环、单塔双区等）、湍流管栅、沸腾泡沫等新技术；脱硝领域开发出功能新型催化剂、全截面多点测量方法、流场均布等技术。

但是，我们需要客观地、实事求是地分析任何一件事情。由于电力行业自身发展较快，燃煤电厂超低排放则发展更快，在煤电行业超低排放取得巨大成功的同时，也出现了一些局部性的问题，但是目前还没有发现分析与研究煤电超低排放存在问题的系统性成果。因此本书以成就贡献为引导，以局部问题为导向，以科学实践为方法，以创新优化为视角，尽量体现煤电行业最新成果，聚焦于快速发展所带来的巨大成就的同时，更希望冷静地分析在快速发展中所共生的问题。本书没有针对普遍教科书中均有的传统大气污染控制技术进行论述，也没有微观地对超低排放新技术自身进行分析，而是较为扼要地阐述了燃煤电厂超低排放技术路线；之后以问题为导向，以解决问题的建议为纽带，重点并全面透析燃煤电厂超低排放运行过程中存在的问题及如何进一步优化，同时希望能够为其余行业下一步超低排放的实施提供参考。

本书以燃煤电厂超低排放的贡献与存在的问题为重点，在科学实践的基础上，对我国燃煤发电超低排放以来发现的除尘实践问题、脱硫实践问题、脱硝实践问题、固体废弃物实践问题以及环境影响评价实践问题进行了详细分析，并提出了相应的对策措施。内容覆盖废气、固体废物等污染物治理，对火电厂超低排放运行过程中并行存在的局部问题进行深度分析并提出有效建议。由于废水处理的问题与燃煤电厂超低排放没有关系，所以本书中没有针对燃煤电厂废水处理处置进行分析。

本书受国家重点研发计划"大气污染成因与控制技术研究"重点专项 2016 年度项目《重点工业源大气污染物排放标准评估与制修订关键技术方法体系研究》的课题二《基于实测的火电厂大气污染物排放规律研究与排放标准实施评估》（2016YFC0208102）的资助。本书是在该课题研究的基础上，对其中部分成果进行提炼形成的。

本书主要内容包括我国电力发展及世界电力发展（第一章）、燃煤电厂超低排放概念的提出与发展（第二章）、燃煤电厂超低排放技术路线及展望（第三章）、燃煤电厂超低排放性能评估（第四章）、燃煤电厂超低排放相关的环境影响评价问题（第五章）、燃煤电厂超低排放相关的除尘实践问题（第六章）、燃煤电厂超低排放相关的脱硫实践问题（第七章）、燃煤电厂超低排放相关的脱硝实践问题（第八章）、燃煤电厂超低排放相关的固体废弃物实践问题（第九章）。全书章节与内容，由王圣统筹拟定，由黄亚继、陈奎续、张荣初、王锋涛等共同主导完成。全书初稿完成后，由王圣牵头进行了修改与统稿。在本书编著过程中，庄柯、柏源、刘晓华、蒋春来为本书提供了重要的素材，孙雪丽、赵秀勇、徐静馨参与完成了后续校核与统稿，参加编写工作的还有张亚平、姚杰、喻乐蒙、曹含、任灵刚、杨硕、刘宇清、邵羲然、岳修鹏、查健锐、罗健威等。

借本书即将出版发行的机会，向东南大学、福建龙净环保股份有限公司、南京常荣声学股份有限公司、润电能源科学技术有限公司、江苏省生态环境评估中心、中国电机工程学会电力环境保护专业委员会在本书编写和出版过程中给予的大力支持表示感谢！

限于作者水平和编写时间，同时本书在编制过程中正值 HJ 2.2—2018《环境影响评价技术导则 大气环境》代替 2008 版标准，因此书中疏漏之处在所难免，恳请读者批评指正。

王 圣

2020 年 6 月于南京

目 录

概　　述

  当代的中国已经进入新时代，发展仍处于重要战略机遇期，我国经济已由高速增长阶段转向高质量发展阶段，正处在转变发展方式、优化经济结构、转换增长动力的攻关期，电力作为重要的能源方式，需要进一步实现动力变革。过去的十年，随着经济高速增长，我国电力工业也迅速发展，每年基本增长 1 亿 kW 装机容量，目前我国电力装机、发电量均位于世界第一，但是电力结构需要进一步优化，电力的发展也需要坚持"质量第一、效益优先"的原则，以能源与电力供给侧结构性改革为主线进一步推动电力发展的质量变革、效益变革、动力变革。首先，电力行业正由高速度增长向高质量发展过渡，需要进一步去产能，消化电力产能过剩，绝对控制新增产能，依据电力规划有序控制电源点建设。第二，需要大力发展非化石能源发电，除了燃气发电、风电、太阳能发电之外，还需要重视生物质热电联产。第三，我国需要在高质量发展阶段，在全面建成小康社会的基础上，进一步提高人均用电量，并协同考虑节能减排、可再生能源、分布式能源等发展。

第一节　我国电力发展

一、电力装机容量

  截至 2018 年底，我国总发电装机容量为 190012 万 kW，同比增长 6.5%，增速比上年回落 1.2%。

我国 2000～2018 年电力发展趋势及增速变化见图 1-1。

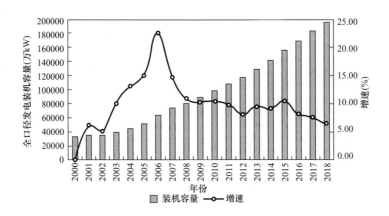

图 1-1　我国 2000～2018 年电力发展趋势及增速

从图 1-1 可以看出，我国电力发展从 2003 年开始基本是以每年 1 亿 kW 的增速在发展，从 2008 年开始电力增长速度基本稳定在 10% 左右。

以近阶段电力发展为对象，从 2010～2018 年逐年发电装机容量的发展情况可以看出，我国发电装机容量逐步增长，从 2010 年的 96641 万 kW 增长至 2018 年的 190012 万 kW，增长 96.6%。从 2010～2018 年逐年发电装机容量增速情况可以看出，历年增速分别是 10.6%、9.9%、7.9%、9.7%、8.9%、10.6%、8.2%、7.7% 和 6.5%。从 2010～2018 年我国发电装机容量总量及增速整体可以看出，虽然总装机容量绝对值一直在增加，但是增速明显放缓，2018 年增速同比下降 1.2%。

我国 GDP 从 2010 年的 412119 亿元增长至 2018 年的 900309 亿元，增长 118.5%，与 GDP 增长速度相比，电力增长低于经济增长速度。我国人均 GDP，从 2010 年的 30015 元增长至 2016 年的 68581 元，增长 128.5%，我国电力增长速度也低于我国人均经济增长速度。

二、发电量

截至 2018 年底，我国发电量为 69947 亿 kWh，同比增长 8.4%。

我国 2000～2018 年发电量及增速变化见图 1-2。

从图 1-2 可以看出，我国总发电量与火电发电量绝对值都呈上升趋势，其中火电发电量从 2013 年到 2018 年变化不大。整体而言，无论是总发电量还是火电发电量的增速都在一个较为明显的下降通道中。

以近阶段电力发展为对象,从 2010 到 2018 年逐年发电量变化的情况可以看出,我国发电量逐步增长,从 2010 年的 42278 亿 kWh 增长至 2018 年的 69947 亿 kWh,增长 65.4%。从 2010 年到 2018 年逐年发电量增速情况可以看出,历年增速分别是 14.8%、11.9%、5.4%、7.7%、6.2%、1.1%、4.9%、6.5%和 8.4%,同期的火电发电量增速分别是 14.5%、14.2%、0.6%、7.91%、1.6%、−1.7%、−0.1%、9.1%和 8.0%。从 2010~2018 年我国发电量及增速整体可以看出,全国发电量绝对值一直在增加,并且 2018 年发电量增速同比上升 1.9%,但是从 2010~2018 年我国发电量整体来分析,增速处于下降通道。

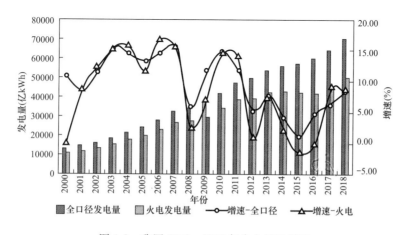

图 1-2　我国 2000~2018 年发电量及增速

三、电力结构

从装机占比来看,2018 年我国电力装机中,火电装机占比 60.2%,同比下降 2%,其中煤电占比为 53.1%;水电装机占比 18.5%,同比下降 0.7%;风电装机占比为 9.7%,同比上升 0.5%;太阳能发电装机占比 9.2%,同比上升 1.6%;核电装机占比为 2.4%,同比上升 0.4%。

另外,根据中国电力企业联合会(简称中电联)《中国电力行业年度发展报告(2018)》,我国 2018 年火电装机结构为:燃煤发电为 10.03 亿 kW,同比增长 2.3%;燃气发电为 8375 万 kW,同比增长 10.5%;余温余热余压发电为 3018 万 kW,同比增长 1.0%;生物质发电(非垃圾焚烧发电类)为 1947 万 kW,同比增长 17.9%;燃油发电为 173 万 kW,同比增长 11.9%。

2018 年电力装机构成见图 1-3。

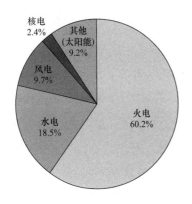

图 1-3 2018 年我国电力装机构成

从装机绝对值来看，2018 年我国火电装机为 114408 万 kW，同比增长 3.1%。其中，煤电装机为 100835 万 kW，同比增长 2.3%；水电装机为 35259 万 kW，同比增长 2.5%；风电装机为 18427 万 kW，同比增长 12.4%；太阳能发电装机为 17433 万 kW，同比增长 33.7%；核电装机为 4466 万 kW，同比增长 24.7%。

"十二五"以来（2011～2018 年），我国电力装机容量及构成见表 1-1。

表 1-1　　　　　　　　"十二五"以来我国发电装机容量构成及占比情况　　　　　　　　万 kW

年份	总装机容量	火电		水电		风电		核电		其他（太阳能）	
		装机容量	占总装机容量比例（%）	装机容量	占总装机容量比例（%）	装机容量	占总装机容量比例（%）	装机容量	占总装机容量比例（%）	装机容量	占总装机容量比例（%）
2011	106253	76834	72.31	23298	21.93	4623	4.35	1257	1.18	241	0.23
2012	114676	81917	71.55	24890	21.70	6083	5.30	1257	1.10	328	0.29
2013	125768	86955	69.14	28002	22.45	7548	6.05	1461	1.17	1489	1.19
2014	137018	92637	67.61	30486	22.11	9657	7.00	2008	1.46	2652	1.92
2015	152527	100554	65.92	31954	20.95	13075	8.57	2717	1.78	4218	2.77
2016	165051	105968	64.04	33211	20.18	14864	9.03	3364	2.04	7742	4.70
2017	178451	110997	62.2	34441	19.3	16417	9.2	3569	2.0	13027	7.3
2018	190012	114408	60.2	35259	18.5	18427	9.7	4466	2.4	17433	9.2

从发电量占比来看，2018 年我国发电量中，火电、水电、风电、太阳能发电、核电发电量占比分别为 70.5%、17.6%、5.2%、2.5%、4.2%，只有火电发电量同比增加 1.9%，水电、风电、太阳能发电、核电发电量同比均下降，分别下降 0.1%、0.8%、0.4%、0.5%。

2018 年发电量构成见图 1-4。

"十二五"以来（2011～2018 年），我国发电量构成见表 1-2。

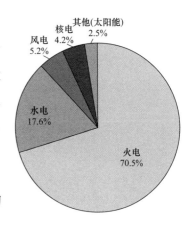

图 1-4 2018 年我国发电量构成

表 1-2					"十二五"以来我国发电量构成及占比情况				单位：亿 kWh
年份	总发电量		火电发电量			水电发电量	风电发电量	核电发电量	其他
	总发电量	增速	电量	增速	占总发电量比例				
2011	47306	11.9%	39003	17.29%	82.5%	6681	741	872	9
2012	49865	5.40%	39255	0.64%	78.7%	8556	1030	983	41
2013	53721	7.70%	42359	7.9%	78.5%	9116	1395（含其他）	1106	—
2014	56045	4.30%	43030	1.58%	75.4%	10601	1595	1332	240
2015	57400	1.10%	42307	1.68%	74.9%	11127	1856	1714	395
2016	60228	4.90%	42273	1.37%	71.6%	11807	2410	2132	662
2017	64529	6.5%	46115	9.1%	71.1%	11938	3033	2452	1162
2018	69947	8.4%	49795	8.0%	70.5%	12311	3637	2938	1749

　　从非化石能源发电装机占比来看，截至 2018 年，全国非化石能源发电装机容量占全国总装机容量的 39.8%，同比提高 2%。2018 年全国非化石能源发电量占全国总发电量的 29.5%，同比提高 0.7%。

　　2010~2018 年全国非化石能源装机容量占总装机比重变化情况见图 1-5。

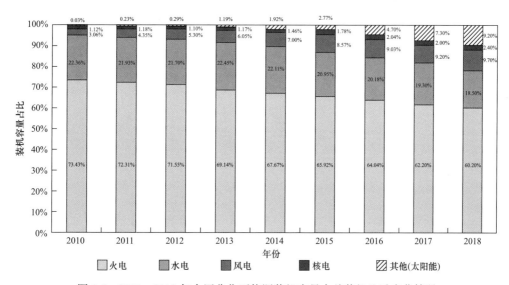

图 1-5　2010~2018 年全国非化石能源装机容量占总装机比重变化情况

　　2010~2018 年全国非化石能源发电量占总发电量比重变化情况见图 1-6。

　　从火电单机容量来看，随着"上大压小""差别上网电价"等政策实施，以及我国火电机组国产水平的提升，大容量、高参数的火电机组得到快速发展。截至 2018 年底，我国火电机组平均单机容量为 13.67 万 kW，同比增加 0.15 万 kW。单机容量 100 万 kW 及以上的机组占总机组容量的 10.6%；单机容量为 60 万~100 万 kW、单机容量为 30 万~60 万 kW、单机容量为 20 万~30 万 kW、单机容量为 10 万~20 万 kW、单机容量小于 10 万 kW 的火电机组比重分别为 34.16%、35.26%、4.80%、5.69%、9.49%。

2010～2018 年全国火电机组容量比重变化情况见图 1-7。

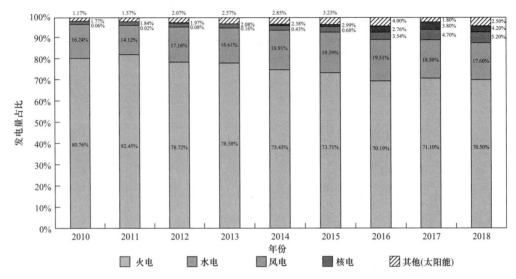

图 1-6　2010～2018 年全国非化石能源发电量占总发电量比重变化情况

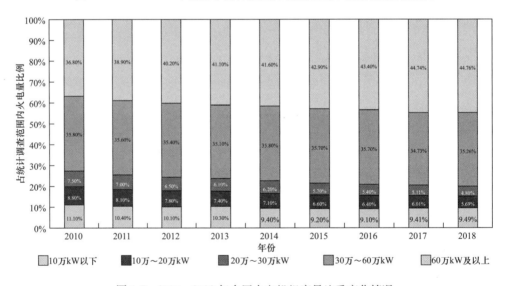

图 1-7　2010～2018 年全国火电机组容量比重变化情况

综上所述，从我国逐年总发电量和火电发电量的变化情况可以看出，进入"十三五"以来，我国发电量增长水平放缓，但电源结构进一步优化，非化石能源发电量比重不断加大，包括水电、核电、风电、太阳能发电等非化石能源发电量占全口径发电量的比重为 39.8%。火电发电量占比逐年下降，从 2011 年的 82.5% 下降至2018 年的 70.5%，但仍在电力结构中占主要地位。

第二节 世界电力发展

一、装机容量

截至 2015 年底，全世界总发电装机容量为 599550 万 kW，增加装机 30050 万 kW，同比增长 5.3%。

从 2010 到 2015 年逐年发电装机容量变化情况可以看出，全世界发电装机容量稳步增长，从 2010 年的 495350 万 kW 增长至 2015 年的 599550 万 kW，增长 21.0%。

从 2010 到 2015 年逐年发电装机容量增速情况可以看出，历年增速分别是 5.2%、4.2%、0.3%、4.3%、4.6%、5.3%。

从 2010 到 2015 年全世界发电装机容量总量及增速整体可以看出，虽然总装机绝对值一直在增加，但是增速较稳定，基本在 4% 左右。

与全球 GDP（联合国统计数据）相比而言，2010~2015 年全世界经济一直处于深度调整期，增速整体持续放缓。年均 GDP 增长约 2%，从 2010 年的 659111 亿美元增长至 2015 年的 741964 亿美元，增长 12.6%，经济增长速度低于世界电力增长速度。与世界人均 GDP 相比，人均 GDP 从 2010 年的 9514 美元增长至 2015 年的 10098 美元，增长 6.1%，人均经济增长速度也低于世界电力增长速度。

二、发电量

截至 2016 年底，全世界发电量为 248164 亿 kWh，同比增长 2.48%。

从 2010 到 2016 年逐年发电量情况可以看出，世界发电量逐步增长，从 2010 年的 215617 亿 kWh 增长至 2016 年的 248164 亿 kWh，增长 15.09%。

从 2010 到 2016 年逐年发电量增速情况可以看出，历年增速分别是 6.42%、3.16%、2.49%、2.66%、1.88%、1.56%、2.48%。

从 2010 到 2016 年世界发电量及增速整体可以看出，全球发电量绝对值一直在增加，并且 2016 年发电量增速同比提高 2.48%。但是从 2010~2016 年世界发电量整体来分析，增速处于下降通道并逐步趋缓，进一步说明 2010~2016 年全世界经济一直处于深度调整期。

三、电力结构

从装机占比来看，2015 年全球电力装机容量中，火电装机占比为 62.4%，其中煤电装机占 32.2%，燃气发电装机占 24.6%，燃油发电装机占 5.6%；水电装机占比为 18.6%；风电装机占比为 7.1%；太阳能发电装机占比为 4.1%；核电装机占比为 5.8%；生物质发电装机占比为 1.8%。

从装机绝对值来看，2015 年全球火电装机容量为 373790 万 kW，同比增长 3.62%。其中，煤电装机为 193010 万 kW，同比增长 4.43%，燃气发电装机为 147540 万 kW，同比增长 3.31%；水电装机为 111440 万 kW，同比增长 2.42%；风电装机为 42740 万 kW，同比增长 17.48%；太阳能装机为 24780 万 kW，同比增长 29.60%；核电装机为 34800 万 kW，同比增长 3.54%；生物质发电装机为 10650 万 kW，同比增长 11.75%。

从发电量占比来看，2016 年全球发电量中，火电、水电、风电、太阳能发电、核电、生物质发电量占比分别为 66.02%、16.16%、4.08%、1.24%、10.52%、1.69%。火电中燃煤发电量占 42.76%，燃气发电量占 20.19%，燃油发电量占 3.07%。所有不同发电方式的发电量同比均有不同程度的增加，其中太阳能发电、风力发电量分别增加 30%、18.5%。

四、电力区域分布

从国家和地区装机来看，2015 年全世界电力装机中，我国电力装机自 2011 年以来持续保持第一，是美国电力装机的 1.29 倍，略高于整个欧洲电力装机总量，是其余亚太国家及地区电力装机的 1.36 倍，是中东地区和非洲电力装机的 4.74 倍。

从主要国家发电量来看，2016 年全世界发电量中，我国发电量也是自 2011 年以来持续保持第一。2016 年全球发电量排在前五名的分别是中国、美国、印度、俄罗斯、日本。其中，我国发电量占世界比重为 24.3%，美国发电量占世界的比重为 17.5%，印度、俄罗斯、日本发电量分别占比 5.7%、4.4%、4.0%。

从地区发电量来看，2016 年，北美地区发电量为 53355 亿 kWh，同比增长 0.3%，占世界的比重为 21.5%；中南美地区发电量为 13152 亿 kWh，同比增长 0.6%，占世界的比重为 5.3%；欧洲和欧亚地区发电量为 53851 亿 kWh，同比增长 1.0%，占世界的比重为 21.7%；中东地区发电量为 11167 亿 kWh，同比增长 2.1%，占世界的比重为 4.5%；非洲地区发电量为 7941 亿 kWh，同比增长 0.9%，占世界的比重为 3.2%；亚太地区发电量为 108943 亿 kWh，同比增长 4.7%，占世界的比重为 43.9%。

第三节　我国电力与世界电力发展比较

综合我国电力发展与世界电力主要因素的比较，并结合世界经济发展与我国经济发展新的要求，得到以下三方面结论。

一、电力由高速度增长向高质量发展过渡

从经济发展来看，改革开放以来，我国经济保持年均 9% 以上的持续高速增长，部分年份增长速度在两位数以上，我国经济占全球经济的比重从 2.7% 迅速提高到目前的近 15%。国际金融危机之后，国际市场环境和国内要素条件发生了很大变化，我国经济进入了新常态，也表现出了新的阶段性特征，必须向追求高质量和高效益增长的模式转变是其中之一。

从电力发展来看，近十年来美国、欧盟等发达国家和地区，电力发展基本平稳，美国在 2010～2016 年六年期间，发电量仅增加了 5.8%，年均增长不到 1%。主要是发达国家早就进入了后工业时代，电力需求平稳，体现了社会发展规律。

因此，我国电力发展也需要从高速增长阶段向高质量发展阶段过渡，需要以能源供给侧结构性改革为主线，寻求"质量第一"的电力发展，进一步消化电力产能过剩，绝对控制新增产能，依据电力规划有序控制电源点建设。

二、非化石能源发电需要大力发展

根据以上分析可知，2015 年全球电力装机中，非化石能源发电装机占 37.6%；2016 年全球发电量中，非化石能源发电量占 34.0%。另外，在非化石能源中，生物质发电装机占 1.8%，发电量占 1.69%。

我国当前电力装机中，非化石能源发电装机占 39.8%，非化石能源发电量占 29.5%。相比而言，非化石能源发电装机已高于全球平均水平 2.2%，非化石能源发电量比全球平均水平略低 3.5%。虽然两组数据与全球平均水平差不多，但是与美国等发达国家相比，差距还是很大，尤其是对于生物质发电，我国还需要大力发展。

三、人均用电量需要进一步提高

人均能源消费量和人均用电量在很大程度上可以反映一个国家的经济发展水平

和人民生活水平。2016 年全球人均能源消费是 2674kWh/(年·人)，人均用电量是 339W/人。位于全球第一位的是冰岛，分别是 50613kWh/(年·人)、5777W/人。美国位于第 11 位，人均能源消费、人均用电量分别是 12077kWh/(年·人)、1378W/人。

相比而言，中国人均能源消费、人均用电量分别是 4310kWh/(年·人)、492W/人，人均水平均位于第 64 位，虽然已经超过了全球平均水平，但是与美国相比，仅是美国的 35.7%。因此，我国需要在高质量发展阶段，在全面建成小康社会的基础上，进一步提高人均用电量，同时需要协同考虑加大节能减排、可再生能源、分布式能源与储能技术的研发和大规模应用，以实现电力工业高质量发展。

第四节　我国电力行业大气污染物及温室气体排放与控制

随着燃煤电厂超低排放的大力推进，我国煤电清洁发展成效显著，尤其是 2014、2015 年，大气污染物排放量、单位发电量污染物排放量持续下降；同时随着煤耗的进一步降低，我国电力行业二氧化碳控制水平显著提升。

"十二五"期间，我国电力行业烟尘、二氧化硫、氮氧化物排放量逐年下降，下降趋势逐年增大。其中，2015 年，我国电力行业烟尘、二氧化硫、氮氧化物排放量分别降至 40 万 t、200 万 t 和 180 万 t，同比下降 59.2%、67.7% 和 71%，下降幅度达到"十二五"最大水平。2018 年则进一步降低。由此可见，GB 13223—2011《火电厂大气污染物排放标准》和超低排放要求的实施对我国火电行业污染物减排效果显著。

一、烟尘

2018 年，全国电力烟尘排放量约为 21 万 t，比上年下降约 19.2%。烟尘平均排放绩效约为 0.04g/kWh，比上年下降 0.02g/kWh，低于美国 2015 年水平（统计口径 PM_{10}）。

2000～2018 年全国火力发电厂烟尘排放及排放绩效情况见图 1-8。

截至 2018 年底，全国已投运燃煤电厂全部配备除尘设施，袋式除尘器、电袋复合式除尘器的机组容量超过 3.44 亿 kW，占全国煤电机组装机容量的 34%。其中袋式除尘器机组容量约为 8700 万 kW，电袋复合式除尘器机组容量约为 2.57 亿 kW，分别约占全国燃煤机组容量的 8.6% 和 25.4%。

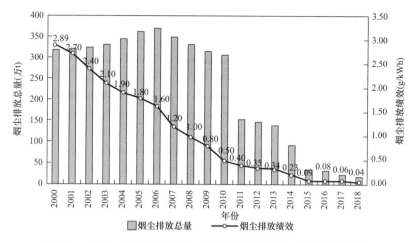

图 1-8　2010～2018 年全国火力发电烟尘排放量及排放绩效趋势

2016 年在超低排放政策实施的促进下，湿式电除尘、低低温电除尘、移动电极电除尘、管束式除尘等新技术具备了相当的应用规模，新技术的应用不断提高我国除尘效率。2018 年火电行业平均除尘效率大于或等于 99.99%，比 2010 年提高近 4%。

二、二氧化硫

2018 年，全国电力二氧化硫排放量约为 99 万 t，比上年下降约 17.5%。2018 年电力行业二氧化硫排放量约占全国二氧化硫排放总量的 6.77%，比上年降低 0.89%。

2018 年二氧化硫平均排放绩效约为 0.20g/kWh，比上年下降 0.06g/kWh，已低于美国 2014 年水平。

2000～2018 年全国火力发电厂二氧化硫排放及排放绩效情况见图 1-9。

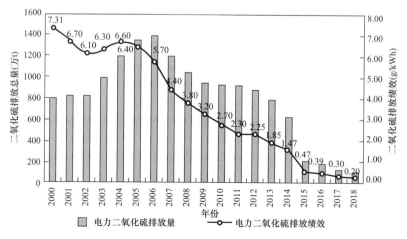

图 1-9　2010～2018 年全国火力发电二氧化硫排放量及排放绩效趋势

截至 2018 年底，全国已投运火电厂烟气脱硫机组容量约为 9.6 亿 kW，占全国火电机组容量的 83.92%，占全国煤电机组容量的 95.9%。如果考虑具有脱硫作用的循环流化床锅炉，则全国脱硫机组占煤电机组的比例接近 100%。2018 年，纳入火电厂环保产业登记的在运火电厂烟气脱硫特许经营的机组容量超过 1.02 亿 kW，在运火电厂烟气脱硫委托经营的机组容量超过 6960 万 kW。

从脱硫机组技术采用方式看，截至 2015 年底，石灰石-石膏湿法占 92.87%（含电石渣法），海水法占 2.58%，烟气循环流化床法占 1.80%，氨法占 1.81%，其他占 0.93%。2018 年脱硫技术占比情况变化不大。

三、氮氧化物

2018 年，全国电力氮氧化物排放约 99 万 t，比上年约下降 15.8%。电力氮氧化物排放量约占全国氮氧化物排放量的 6.03%，比上年降低 0.78%。2018 年，火电行业氮氧化物排放绩效约为 0.19g/kWh，比上年下降 0.06g，已低于美国 2014 年水平。

2000～2018 年全国火力发电厂氮氧化物排放及排放绩效情况见图 1-10。

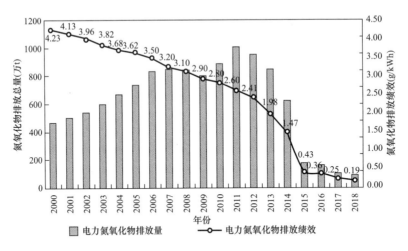

图 1-10　2010～2018 年全国火力发电氮氧化物排放量及排放绩效趋势

截至 2018 年底，全国已投运火电厂烟气脱硝机组容量约为 10.6 亿 kW，占全国火电机组容量的 92.6%，比上年提高 0.3%。2018 年，纳入火电厂环保产业登记的在运火电厂烟气脱硝特许经营的机组容量超过 6787 万 kW，在运火电厂烟气脱硝委托经营的机组容量超过 2090 万 kW。

脱硝措施以选择性催化还原（SCR）为主，占比 95.79％，选择性非催化还原（SNCR）占比 3.21％，SNCR＋SCR 占比 1.00％。

四、温室气体

2018 年，全国单位火力发电量二氧化碳排放约为 841g/kWh，比 2005 年下降 19.4％。

2018 年，全国单位发电量二氧化碳排放约为 592g/kWh，比 2005 年下降 30.1％。与 2015 年对应的全口径发电量二氧化碳排放强度 604g/kWh 相比，降低了 12g/kWh。

2016 年火力发电量折算为煤电机组发电量二氧化碳排放约为 881g/kWh，与 2015 年对应的二氧化碳排放强度 890g/kWh 相比，降低了 9g/kWh。根据《电力发展"十三五"规划（2016—2020 年）》，到 2020 年煤电机组二氧化碳排放强度下降到 865g/kWh 左右，相比而言，到 2020 年我国煤电机组二氧化碳排放强度需要继续下降 16g/kWh。根据《国务院关于印发"十三五"控制温室气体排放工作方案的通知》（国发〔2016〕61 号），到 2020 年大型发电集团单位供电二氧化碳排放控制在 550g/kWh以内。

我国发电行业温室气体减排技术主要有工程减排、结构减排、管理减排及市场机制减排四种途径。

（1）工程减排是通过提高机组能效，降低、捕集与储存二氧化碳的工艺技术，其核心是发电技术的提高。包括以下方面：

1）先进的发电技术。超超（超）临界、IGCC、二次再热、纯氧燃烧等发电技术。

2）老机组改造。通流改造、抽汽改造、背压改造、低真空改造等。

3）热电联产技术。热电联产、冷热电三联产等发电技术。

4）节能技术。低温省煤器、高频电源、调频/速电动机。

5）碳捕捉技术。碳捕集和储存（CCS）、碳捕集和利用（CCU）技术等。

（2）结构减排是通过提高清洁能源发电技术的比重，优化电力结构。这种减排主要是由于清洁能源发电形成的替代效应，其核心是电力结构的优化。

（3）管理减排和市场机制减排主要是通过绿色电力调度顺序、发电权交易等措施减少碳排放，其核心是电力管理。绿色电力调度以确保电力系统安全稳定运行和满足全社会正常用电为前提，充分发挥可再生能源发电的减排作用，实施优化调度。

发电权交易是引导鼓励和促使发电成本高的机组将其计划合同电量的部分或全部出售给发电成本低的机组替代其发电，从而达到优化电源结构、降耗减排的目的。"关停小机组""上大压小"都属于电力管理减排。

上述四种不同类别方法中，只有碳捕捉技术〔碳捕集和储存（CCS）、碳捕集和利用（CCU）技术〕，是属于直接削减或直接控制二氧化碳排放的。目前相关的示范工程有：华能"绿色煤电计划"北京热电厂项目、上海石洞口电厂项目、天津开发新区 IGCC 电厂项目；中石化与胜利油田共同开展的二氧化碳捕获与驱油项目；中石油在吉林油田开展的天然气生产的二氧化碳捕获与驱油一期和二期项目；中联煤层气在山西的深煤层注入/埋藏二氧化碳开采煤层气项目；大唐集团在大庆油田和东营开展的电厂富氧燃烧二氧化碳捕获项目；国家能源集团在鄂尔多斯开展的煤制油捕获二氧化碳地质封存项目；山西国际能源集团电厂富氧燃烧及碳捕集建设项目等。

我国提出到 2020 年单位 GDP 二氧化碳排放比 2005 年下降 40％～45％，并作为约束性指标纳入国民经济和社会发展中长期规划，这是我国节能减排政策的一个质变。目前我国电力行业在碳捕捉领域正处于示范工程的阶段，华能上海石洞口第二电厂脱碳装置于 2009 年 12 月 30 日正式投运，能耗指标达到国际先进水平，标志着我国燃煤电厂二氧化碳捕集技术和规模已达到世界领先水平。同时，国内很多科研机构正积极研发其余的碳捕捉、储存及利用技术方法。

以 2005 年为基准年，2006～2018 年间，通过发展非化石能源、降低供电煤耗、电源结构优化和线损率等措施，电力行业累计减少二氧化碳排放约 137 亿 t，有效缓解了电力二氧化碳排放总量的增长。其中，供电煤耗降低对电力行业二氧化碳减排贡献率为 44％，非化石能源发展贡献率为 54％。

第二章

燃煤电厂超低排放概念的提出与发展

从 2012 年 1 月 1 日 GB 13223—2011《火电厂大气污染物排放标准》正式实施，到《煤电节能减排升级与改造行动计划（2014—2020 年）》（发改能源〔2014〕2093 号）中首次明确超低排放的控制值，以及国家及部分省份陆续出台各项超低排放相关政策，再到 2015 年 12 月 11 日环境保护部、国家发展和改革委员会、国家能源局联合发布《全面实施燃煤电厂超低排放和节能改造工作方案》（环发〔2015〕164 号），燃煤发电项目大气污染物排放控制要求日趋严格，"超低排放"也在短期内经历了"酝酿和引入——示范和推动——确立和发展"的快速历程。

第一节　燃煤电厂超低排放概念

超低排放，即新建或改造的燃煤发电厂大气污染物排放浓度在基准氧含量 6% 条件下，颗粒物、二氧化硫、氮氧化物排放浓度分别不高于 10、35、50mg/m³。

在"超低排放"概念得到统一之前，曾有较多的表达方式，包括"超低排放""近零排放""超净排放""超洁净排放""比燃机排放更清洁"等。

第二节　燃煤电厂超低排放提出与相关政策要求

一、燃煤电厂超低排放提出

超低排放的控制限值要求第一次从国家层面正式提出是在国家发展和改革委员会、环境保护部、国家能源局 2014 年 9 月 12 日联合发布的文件《关于印发〈煤电节能减排升级与改造行动计划（2014—2020 年）〉的通知》（发改能源〔2014〕2093号）中，"新建燃煤发电机组大气污染物排放浓度基本达到燃气轮机组排放限值（即在基准氧含量 6％ 条件下，烟尘、二氧化硫、氮氧化物排放浓度分别不高于 10、35、50mg/m³）"。

在发改能源〔2014〕2093 号文发布之前，2014 年 5 月 30 日，浙能集团所属嘉兴发电厂三期 8 号 1000MW 机组成功实现超低排放，被认为是我国首台改造类燃煤发电烟气超低排放机组；2014 年 6 月 25 日，神华国华舟山电厂 4 号 350MW 国产超临界超低排放燃煤发电机组顺利完成 168h 试运，正式投运，被认为是我国首台新建类燃煤发电烟气超低排放机组。

在上述两个电厂实现燃煤超低排放之前，也有较多电厂在进行充分的前期探索，目的是实现达到天然气燃气轮机组排放标准和水平。例如：广东珠江电厂 1000MW 煤电扩建工程在 2011 年 5 月的环评审查阶段，提出在硫分为 0.52 的设计煤种和硫分为 0.63 的校核煤种条件下，实现脱硫效率由 95％ 提高到 97％ 的技术创新；上海漕泾二期工程在 2012 年 9 月的项目竣工环境保护验收会上，提出了运用"湿式电除尘＋98％ 脱硫＋80％ 脱硝"的技术；国电泰州二期工程在 2013 年 4 月环评审查阶段，主动提出运用"低低温电除尘器＋单塔双循环脱硫＋湿式电除尘"的技术，以达到燃气发电排放标准；国电益阳电厂 1 号机组在 2013 年 3 月，国内第一台湿式电除尘示范工程通过环保验收等。

二、燃煤电厂超低排放主要政策要求

（一）国家层面政策要求

2013 年 9 月 10 日，国务院发布《大气污染防治行动计划》（国发〔2013〕37号），在第四部分"加快调整能源结构，增加清洁能源供应"第十二条中提到"京津冀、长三角、珠三角等区域新建项目禁止配套建设自备燃煤电站。耗煤项目要实行煤炭减量替代。除热电联产外，禁止审批新建燃煤发电项目；现有多台燃煤机组装机容量合计达到 30 万 kW 以上的，可按照煤炭等量替代的原则建设为大容量燃煤机组"。由于要求在我国经济最为活跃的京津冀、长三角、珠三角区域禁止审批除热电联产之外的新建燃煤发电项目，也就是说，600MW 及以上发电机组的建设将受到严格制约，容易引起经济发展与电力需求之间的矛盾。但是从另一方面来看，《大气污染防治行动计划》对重点区域煤电发展的约束，却为下一步燃煤电厂排放浓度基本达到燃气轮机组排放限值做了铺垫，为燃煤发电行业提供了"逼出来"的思路。

2014 年 1 月 20 日,国家能源局发布《关于印发〈2014 年能源工作指导意见〉的通知》(国能规划〔2014〕38 号),第三部分"重点任务"的"(二)认真落实大气污染防治措施,促进能源结构优化"中,进一步提到了"严格控制京津冀、长三角、珠三角等区域煤电项目。除热电联产外,禁止审批新建燃煤发电项目。现有多台燃煤机组装机容量合计达到 30 万 kW 以上的,可按照煤炭等量替代的原则改建为大容量机组"。同时,在"(六)以重大项目为载体,大力推进能源科技创新"中进一步提到要"抓好重大技术研究和重大科技专项。充分发挥国家能源研发中心(重点实验室)骨干作用,重点推进非常规油气、深水油气、先进核电、新能源、700℃超超临界燃煤发电、符合燃机排放标准的燃煤发电"。这是我国第一个国家层面提出"符合燃机排放标准的燃煤发电"要求的政策性文件。

2014 年 3 月 24 日,国家发展和改革委员会、国家能源局、环境保护部联合发布《关于印发〈能源行业加强大气污染防治工作方案〉的通知》(发改能源〔2014〕506 号),第五部分"转变能源发展方式"的"(十二)推动煤炭高效清洁转化"中要求"推进泰州百万千瓦超超临界二次再热高效燃煤发电示范项目建设,在试验示范基础上推广应用达到燃气机组排放标准的燃煤电厂大气污染物超低排放技术"。

2014 年 9 月 12 日,国家发展和改革委员会、环境保护部、国家能源局联合发布《关于印发〈煤电节能减排升级与改造行动计划(2014~2020 年)〉的通知》(发改能源〔2014〕2093 号),在行动目标与具体行动措施中均要求,"东部地区(辽宁、北京、天津、河北、山东、上海、江苏、浙江、福建、广东、海南等 11 省市)新建燃煤发电机组大气污染物排放浓度基本达到燃气轮机组排放限值(即在基准氧含量 6% 条件下,烟尘、二氧化硫、氮氧化物排放浓度分别不高于 10、35、50mg/m³),中部地区(黑龙江、吉林、山西、安徽、湖北、湖南、河南、江西等 8 省)新建机组原则上接近或达到燃气轮机组排放限值,鼓励西部地区新建机组接近或达到燃气轮机组排放限值";以及"稳步推进东部地区现役 30 万 kW 及以上公用燃煤发电机组和有条件的 30 万 kW 以下公用燃煤发电机组实施大气污染物排放浓度基本达到燃气轮机组排放限值的环保改造,2014 年启动 800 万 kW 机组改造示范项目,2020 年前力争完成改造机组容量 1.5 亿 kW 以上。鼓励其他地区现役燃煤发电机组实施大气污染物排放浓度达到或接近燃气轮机组排放限值的环保改造"。同时对于自备燃煤电厂也提出要求,"东部地区 10 万 kW 及以上自备燃煤发电机组要逐步实施大气污染物排放浓度基本达到燃气轮机组排放限值的环保改造",并在激励政策方面进一步提出"对大气污染物排放浓度接近或达到燃气轮机组排放限值的燃煤发电机组,可在一定期限内增加其发电利用小时数"，"研究对大气污染物排放浓度接近或达到燃气轮机组排放限值的燃煤发电机组电价支持政策"，"对大气污染物排放浓度接近或达到燃气轮机组排放限值的燃煤发电机组，各地可因地制宜制定税收优惠政策"。这是我国第一次明确对于超低排放的控制限值要求，东部、中部、西部实施超低排放的时间表，以及相关的保障激励措施。发改能源〔2014〕2093号文的发布，标志着我国燃煤电厂超低排放的全面开展。

2014年11月19日，国务院办公厅发布《能源发展战略行动计划（2014—2020年）》（国办发〔2014〕31号），在主要任务中提到"清洁高效发展煤电。转变煤炭使用方式，着力提高煤炭集中高效发电比例。提高煤电机组准入标准，新建燃煤发电机组供电煤耗低于300g标准煤/kWh，污染物排放接近燃气机组排放水平"。

2015年3月20日，国家发展和改革委员会、国家能源局联合印发《关于改善电力运行调节促进清洁能源多发满发的指导意见》（发改运行〔2015〕518号），提出"煤电机组进一步加大差别电量计划力度，确保高效节能环保机组的利用小时数明显高于其他煤电机组，并可在一定期限内增加大气污染物排放浓度接近或达到燃气轮机组排放限值的燃煤发电机组利用小时数"。

2015年4月27日，国家能源局发布《煤炭清洁高效利用行动计划（2015—2020年）》（国能煤炭〔2015〕141号），在重点工作中提出"发展超低排放燃煤发电，加快现役燃煤机组升级改造"，要求"逐步提高电煤在煤炭消费中的比重，推进煤电节能减排升级改造。认真落实《煤电节能减排升级改造行动计划》各项任务要求，进一步加快燃煤电站节能减排改造步伐，提升煤电高效清洁利用水平，打造煤电产业升级版"。

2015年12月2日，国家发展和改革委员会、环境保护部、国家能源局联合发布《关于实行燃煤电厂超低排放电价支持政策有关问题的通知》（发改价格〔2015〕2835号），提出为鼓励引导超低排放，对经所在地省级环保部门验收合格并符合上述超低限值要求的燃煤发电企业给予适当的上网电价支持。其中，对2016年1月1日以前已经并网运行的现役机组，对其统购上网电量加价每千瓦时1分钱（含税）；对2016年1月1日之后并网运行的新建机组，对其统购上网电量加价每千瓦时0.5分钱（含税）。上述电价加价标准暂定执行到2017年底，2018年以后逐步统一和降低标准。地方制定更严格超低排放标准的，鼓励地方出台相关支持奖励政策措施。燃煤电厂超低排放环保经济政策得到了全面的完善，进一步发挥经济杠杆，以激励电力行业实施超低排放。

2015年12月11日，环境保护部发布《全面实施燃煤电厂超低排放和节能改造工作方案》（环发〔2015〕164号），认为全面实施燃煤电厂超低排放和节能改造是一项重要的国家专项行动，并在前面文件要求的基础上，要求"加快现役燃煤发电机组超低排放改造步伐，将东部地区原计划2020年前完成的超低排放改造任务提前至2017年前总体完成；将对东部地区的要求逐步扩展至全国有条件地区，其中，中部地区力争在2018年前基本完成，西部地区在2020年前完成"。这是环境保护部第一次全面地对我国燃煤发电超低排放提出系统要求与保障措施等。

更为重要的是，国务院总理李克强分别在2015年3月、2016年3月和2017年3月的政府工作报告中提到了燃煤电厂超低排放，分别是"深入实施大气污染防治行动计划，实行区域联防联控，推动燃煤电厂超低排放改造"，"全面实施燃煤电厂超低排放和节能改造"，"加大燃煤电厂超低排放和节能改造力度，东中部地区要分别于2017、2018两年完成，西部地区于2020年完成。把超低排放作为打赢蓝天保卫战的重要手段"。另外，在2015年12月2日，国务院总理李克强主持召开国务院第114次常务会议，已向有关部门明确了一项治理雾霾的"硬任务"："在2020年前，对燃煤机组全面实施超低排放和节能改造，"从而使得电力行业超低排放与节能减排提升为国家专项行动。

从上述超低排放政策体系来看，我国对于燃煤电厂超低排放的政策顶层设计是有步骤、有计划、可操作的，基本构成了我国燃煤电厂超低排放开始阶段完整、全方面的构架体系，在推动燃煤电厂超低排放，以及我国十二五、十三五节能减排等方面发挥了重要作用。

在2016年之后，与煤电超低排放的政策结合形势变化仍然不断推出、不断完善、不断深化，主要有：《国家能源局关于印发〈2016年能源工作〉的通知》（国能规划〔2016〕89号）、《国家能源局关于〈做好煤电超低排放和节能改造项目安全管理工作〉的通知》（国能安全〔2016〕29号）、《热电联产管理办法》（发改能源〔2016〕617号）、《关于促进我国煤电有序发展的通知》（发改能源〔2016〕565号）、《电力发展"十三五"规划》《国务院关于印发〈"十三五"生态环境保护规划〉的通知》（国发〔2016〕65号）、《国务院关于印发〈"十三五"节能减排综合工作方案〉的通知》（国发〔2016〕74号）、《煤炭工业发展"十三五"规划》（发改能源〔2016〕2714号）、《能源发展"十三五"规划》（发改能源〔2016〕2744号）、《关于发布〈火电厂污染防治技术政策〉的公告》（公告2017年第1号）、《2017年能源工作指导意见》（国能规划〔2017〕46号）、《关于发布国家环境保护标准〈火电厂污染防治可行技术指南〉（HJ 2301—2017）的公告》（公告 2017 年第 21 号）、《关于推进供给侧结构性改革　防范化解煤电产能过剩风险的意见》（发改能源〔2017〕1404 号）和《国家能源局关于印发〈2018 年能源工作指导意见〉的通知》（国能发规划〔2018〕22 号）等。

（二）地方层面政策要求

2014 年 9 月《煤电节能减排升级与改造行动计划（2014—2020 年)》（发改能源〔2014〕2093 号）发布的前后，虽然没有国家的经济政策支撑，但是一些重点省份已率先开展煤电超低排放的探索工作，开始了超低排放改造行动。

2014 年 2 月，广州在全国率先发布《广州市燃煤电厂"超洁净排放"改造工作方案》，要求 2015 年 7 月 1 日前完成全市 14 台总装机容量 380 万 kW 燃煤机组的改造任务；对工业园区和产业集聚区，淘汰小电厂和区域内小锅炉，在 2017 年底前，按照"超洁净排放"标准建设热电联产机组，实施集中供热改造；对现有燃煤机组按照"超洁净排放""上大压小""以新代旧"的原则进行改造，建设高效节能环保机组。

同时，浙江发布《浙江省统调燃煤发电机组新一轮超低排放改造管理考核办法（征求意见稿)》，要求 2014 年 7 月 1 日前，所有省统调燃煤发电机组应达到重点地区大气污染物特别排放限值。2017 年底前，所有新建、在建及在役 60 万 kW 及以上省统调燃煤发电机组必须完成脱硫脱硝及除尘设施进一步改造，实现烟气超低排放。鼓励其他省统调燃煤发电机组加大环保设施改造力度，实现烟气超低排放。

山西省也要求，自 2014 年 8 月 30 日起，全省新建常规燃煤和低热值煤发电机组全部分别执行超低排放标准Ⅰ、Ⅱ。依照超低排放标准Ⅰ、Ⅱ，对全省单机 30 万 kW 及以上燃煤机组全部或部分主要污染物治理设施进行改造，提出燃煤电厂超低排放改造方案，并明确具体时间点。

2015 年 3 月 10 日，河北省全面启动燃煤电厂超低排放升级改造专项行动。按照"以大带小，分类推进"原则，对所有燃煤发电机组实施改造和治理。

以山东、江苏等地为代表，东部地区超低排放相关配套政策出台较为完备。2016 年 6 月山东印发了《山东省燃煤机组（锅炉）超低排放绩效审核和奖励办法（试行)》；2016 年 10 月底，洛阳棉三电厂 3 号机组停机退出运行，标志着河南电网累计 121 台、4819 万 kW 在运统调燃煤机组已全部完成超低排放改造。河南等地超前的改造进度，意味着中部地区超低排放改造进程已开始向东部地区追赶。

为推进燃煤发电机组的超低排放改造，各地也相继出台系列政策，给予超低排放机组资金支持和电量奖励。

山西省按照机组容量、项目投资总额和改造完成年份确定，给予投资总额标准 10%～30%的奖补资金，对达到超低排放标准的机组，每年给予不低于 200h 的电量奖励。规定 2017 年底后完成改造的机组将不再给予补贴，以激励电厂提前计划，加速改造。浙江省提出，按超低排放机组平均容量，安排奖励年度发电计划 200h，并根据环保设施改造实际投产时间据实调整。江苏省则按照每千瓦时 1 分人民币的环保电价进行补贴。

第三节　燃煤电厂超低排放发展与特点分析

一、燃煤电厂超低排放发展

2016 年，我国电力行业严格落实国家节能减排相关要求，全年煤电超低排放改造加快推进，全年煤电超低排放改造规模超过 1 亿 kW。截至 2016 年底，累计完成煤电超低排放超过 4.5 亿 kW，占火电装机比例达 42.7%，占到 2020 年超低排放改造目标 5.8 亿 kW 的 77%。其中，河南、天津、河北和江苏等省市具备条件的煤电机组已全部完成超低排放改造，比国家要求提前了 1～2 年。截至 2017 年底，累计完成煤电超低排放达到 7 亿 kW，已提前完成并超过了 2020 年超低排放改造目标。

截至 2018 年三季度末，我国煤电机组累计完成超低排放改造 7 亿 kW 以上，提前超额完成 5.8 亿 kW 的总量改造目标；加上新建的超低排放煤电机组，我国达到超低排放限值煤电机组已达 7.5 亿 kW 以上，占全部煤电机组的 75% 以上，为我国节能减排做出了巨大贡献。

截至 2018 年底，大唐集团、华能集团、国家能源集团、华电集团完成超低排放机组在燃煤机组容量占比分别达到 94.7%、94%、91%、86.5%。根据生态环境部公布信息，截至 2018 年底，全国达到超低排放限值的煤电机组达 8.1 亿 kW，约占全国煤电机组总装机容量的 80%。我国已建成全球最大的清洁煤电供应体系。暂时未完成改造的机组主要是西部地区电厂、10MW 以下的自备电厂，以及 300MW 以下公共燃煤机组。目前各地正在推进小型燃煤机组的超低排放改造工作，预计到 2020 年底可以基本完成燃煤机组的超低排放改造。

在国家超低排放政策的大力推动下，燃煤发电环保行业取得了一系列重大突破，目前我国超低排放技术已经从单一逐渐走向多元化。除尘领域开发出低低温电除尘、旋转电极电除尘、高频电源、脉冲电源等电除尘新技术，以及超净电袋复合除尘技术；脱硫领域开发出旋汇耦合脱硫除尘一体化、双 pH 值循环技术（单塔双循环、双塔双循环、单塔双区等）、湍流管栅、沸腾泡沫等新技术；脱硝领域开发出功能新型催化剂、全截面多点测量方法、流场均布等技术。这些技术的组合应用，推动了煤电机组超低排放技术路线的多元化，从 2014 年超低排放主要依赖湿式电除尘技术，到目前湿除技术已不是主导技术；从最初只有优质煤才可实现超低排放，到现在的循环流化床锅炉机组也可实现超低排放；从过去主要控制烟尘、二氧化硫和氮氧化物三大污染物，到现在广泛考虑协同控制雾滴、三氧化硫、重金属汞等污染物，火电厂超低排放技术进步显著。

二、燃煤电厂超低排放特点分析

将全国已经投产的燃煤超低排放进行抽样分析，通过分层抽样方法确定样本容量，得到对 212 台机组、总装机容量 1.1 亿 kW 已投产燃煤超低排放机组进行分析统计，并进一步分析得出燃煤电厂超低排放的相关特点。统计结果见表 2-1～表 2-5。

表 2-1　　　　　　　　　　样本容量中按超低排放机组单机规模统计

单机规模	机组数量（台）	装机容量（万 kW）
<10 万 kW	2	5
10 万 kW 级	6	79
20 万 kW 级	2	40
30 万 kW 级	99	3189
60 万 kW 级	68	4350
100 万 kW 级	35	3505
合计	212	11168

由表 2-1 可知，目前我国燃煤机组超低排放技术的应用已覆盖所有装机规模等级，其中大部分为 30 万 kW 及以上大容量机组。

表 2-2　　　　　　　　　　样本容量中按超低排放机组地区分布情况统计

序号	省份	机组数量（台）	装机容量（万 kW）
1	江苏	56	2980
2	浙江	37	2265
3	山西	35	1330
4	山东	25	1037
5	河北	16	822

序号	省份	机组数量（台）	装机容量（万 kW）
6	天津	8	401
7	上海	4	400
8	辽宁	4	376
9	福建	5	290
10	广东	6	291
11	河南	4	216
12	安徽	2	200
13	宁夏	2	132
14	陕西	2	120
15	重庆	1	105
16	内蒙古	2	93
17	湖南	1	60
18	湖北	1	30
19	北京	1	20
合计		212	11168

由表 2-2 可知，我国燃煤超低排放机组已遍布 20 个省市自治区，其中绝大部分位于我国东部地区（江苏、浙江、山东、河北等省）和中部地区（山西等省）。

表 2-3　　　　样本容量中按超低排放机组一次除尘技术分类统计

序号	技术类型		机组数量（台）	装机容量（万 kW）	占比
1	干式电除尘技术	常规电除尘	119	5951	53%
		低低温电除尘器	52	3308	30%
		旋转电极	5	367	3%
		低低温＋旋转电极	10	547	5%
		小计	186	10173	91%
2	采用电袋和袋式除尘技术		26	995	9%
合计			212	11168	100%

由表 2-3 可知，按一次除尘技术分类，采用干式电除尘技术的超低排放机组共 186 台，装机容量 10173 万 kW，占 91%（其中常规电除尘技术提效改造的占 53%，采用低低温电除尘技术的占 30%，采用旋转电极技术的占 3%，采用低低温＋旋转电极的占 5%）；采用电袋或袋式除尘技术的装机占 9%。

在电力行业超低排放开始的早期，采用袋式除尘和电袋除尘还不是很多，在 2017 年下半年开始一直到 2019 年，采用袋式除尘和电袋除尘实现超低排放的技术才逐步发展起来。

表 2-4　　　　　　　　样本容量中按超低排放机组二次除尘技术分类统计

序号	技术类型	机组数量（台）	装机容量（万 kW）	占比
1	湿式电除尘（二次除尘）	120	6382	57%
2	不含湿式电除尘	92	4786	43%
	合计	212	11168	100%

由表 2-4 可知，按二次除尘技术分类，采用湿式电除尘器二次除尘的超低排放机组共 120 台，总装机容量 6382 万 kW，占 57%；不采用湿式电除尘作为二次除尘技术的超低排放机组共 92 台，总装机容量 4786 万 kW，占 43%。

同样，湿式电除尘的发展也是随着超低排放技术路线的成熟在不断变化。在电力行业超低排放开始的早期，采用湿式电除尘的很多，在 2017 年以后湿式电除尘的使用比例有所降低。

表 2-5　　　　　　　　样本容量中按超低排放脱硫技术分类统计

序号	技术类型		机组数量（台）	装机容量（万 kW）	装机占比
1	石灰石-石膏法	空塔提效技术	133	7636	70%
		单塔双 pH 值	22	1004	9%
		双塔双循环	25	1078	10%
		双托盘技术	6	298	3%
		旋汇耦合高效脱硫技术	18	898	8%
		复合塔脱硫技术 小计	204	10914	98%
2	烟气循环流化床脱硫		6	153	1%
3	海水脱硫		2	101	1%
	合计		212	11168	100%

由表 2-5 可知，按脱硫技术分类统计，212 台超低排放机组中采用石灰石-石膏湿法空塔提效技术的占 70%，采用石灰石-石膏湿法复合塔脱硫技术的占 28%，采用其他脱硫技术的占 2%。

第四节　燃煤电厂超低排放技术路线选择的基本原则

考虑到我国目前的环境状况，国家对煤电企业的环境监管提出了日益严格的要求，燃煤电厂在选择超低排放技术路线时，应选择技术上成熟可靠、经济上合理可行、运行上长期稳定、易于维护管理、具有一定节能效果的技术。根据《火电厂污染防治可行技术指南》（HJ 2301—2017），燃煤电厂烟气污染物超低排放技术路线选择时应遵循"因煤制宜、因炉制宜、因地制宜、统筹协同，兼顾发展"的基本原则。

　　因煤制宜，不仅要考虑锅炉的设计煤种及校核煤种，还要考虑随着市场变化，电厂可能燃烧的煤种与煤质波动，要确保在燃用不利煤质条件下，污染物能够实现超低排放；因炉制宜，主要是考虑不同炉型对飞灰成分与性质的影响；因地制宜，既要考虑改造机组的场地条件，也要考虑机组所处的海拔高程；统筹协同，烟气超低排放是一项系统工程，各设施之间相互影响，在设计、施工、运行过程中要统筹考虑各设施之间的协同作用，全流程优化，实现控制效果好、运行能耗低、成本较低的最佳状态；兼顾发展，就是不仅要满足现在的排放要求，还应考虑排放要求的发展以及技术、市场的发展变化。

　　总之，燃煤电厂烟气污染物超低排放技术路线的选择既要考虑初始投资，也要考虑长期的运行费用；既要考虑投入，也要考虑节能减排的产出效益；既要考虑技术的先进性，也要考虑其运行可靠性；既要考虑超低排放的长期稳定性，也要考虑故障时运行维护的方便性；既要立足现在，也要兼顾长远。

第三章

燃煤电厂超低排放技术路线及展望

目前我国超低排放技术已经从技术单一化逐渐走向技术多元化。对于二氧化硫、氮氧化物超低排放而言，主要通过提高脱硫设施和脱硝设施自身脱除效率来实现，目前非脱硫脱硝类设备基本不具有或只有较低的协同脱除效果，设备出口污染物浓度与排放浓度基本一致。其中，我国燃煤电厂一次除尘技术和二次除尘技术近年来不断发展和创新，并得到广泛应用，主流技术包括电除尘技术（低低温电除尘技术、湿式电除尘技术等）、电袋复合除尘技术和袋式除尘技术。脱硫主要是改变化学场或流场，从而进一步提高传统一次循环的脱硫效率，实现超低排放。例如旋汇耦合脱硫除尘一体化、湍流管栅、沸腾泡沫等改变流场的技术，以及单塔双循环、双塔双循环、单塔双区等改变化学场的技术。脱硝主要是通过提高低氮燃烧技术，并增加脱硝催化剂的层数以进一步提高脱硝效率。上述除尘、脱硫、脱硝超低排放的组合使用，为实现燃煤电厂超低排放提供了多种技术方案和路线选择。

本书提出的超低排放技术路线是全面考虑了技术经济性、稳定性、可靠性、环境效果、能源消耗等综合因素，并且经过了典型示范过程并被实际应用的实现超低排放最佳可行技术，同时并不意味着其他技术不可行。

第一节 燃煤电厂超低排放颗粒物控制技术路线

对于燃煤电厂烟气颗粒物超低排放而言，一方面，燃煤电厂普遍使用的静电除尘器，通过提效改造，很难将除尘器出口浓度直接控制在 10mg/m^3 以下，难以单独实现超低排放；另一方面，除尘器下游石灰石-石膏湿法脱硫传统空塔喷淋工艺虽然对烟尘有一定的去除效果，但传统的一次循环喷淋系统协同除尘效率低（一般认可为不大于50%），且脱硫后的净烟气还会挟带少量脱硫过程中产生的次生颗粒物，甚至出现细颗粒物浓度不降反升的现象。鉴于上述原因，燃煤电厂超低排放实施初期（2015年底以前），燃煤电厂普遍采用在石灰石-石膏湿法脱硫系统下游安装湿式电除尘器的方式实现颗粒物超低排放。

与二氧化硫和氮氧化物超低排放技术不同，颗粒物超低排放是多个处理环节共同作用的结果，是一个系统工程，需要同时考虑一次除尘和二次除尘技术的适用性和有效性。随着燃煤电厂除尘技术和协同除尘新技术的发展和推广应用，目前我国燃煤电厂实现颗粒物超低排放的技术路线出现多元化，在过去依赖湿式电除尘作为二次除尘技术的超低排放技术路线基础上，还出现了以湿法脱硫协同除尘作为二次除尘和以超净电袋复合除尘为基础不依赖二次除尘的超低排放技术路线。

一、颗粒物超低排放技术路线选择的方法

电厂实际应用过程中需要综合考虑技术（路线）的适用性、可靠性和经济性等因素选择超低排放技术路线。但经济性影响因素复杂，初始投资不仅与烟气入口浓度有关，还与工程占地以及钢材、滤袋材料、人工等各项成本费用的市场价格有关。因此仅从技术角度，即技术适用性和可靠性的角度提出燃煤电厂颗粒物超低排放技术路线选择的技术方法。

燃煤电厂颗粒物超低排放技术路线选择不仅要考虑一次除尘技术，还要考虑二次除尘技术的适用性与有效性。

（一）一次除尘技术选择

电除尘、电袋复合除尘和袋式除尘均可作为燃煤电厂的一次除尘可行技术，但常规电除尘技术只适用于工况比电阻在$1\times10^4\sim1\times10^{11}\Omega\cdot cm$［在环保部2010年2月发布的《燃煤电厂污染防治最佳可行技术指南（试行）》（HJ-BAT-001）中提出的常规电除尘技术适用范围是烟尘比电阻在$1\times10^4\sim5\times10^{11}\Omega\cdot cm$；在环保部2017年5月发布的《火电厂污染防治可行技术指南》（HJ 2301—2017）中调整的范围是电除尘技术适用范围是工况比电阻在$1\times10^4\sim1\times10^{11}\Omega\cdot cm$］范围内的粉尘去除，其除尘效率受煤、灰成分等影响较大；电袋复合除尘技术适用于国内大多数燃煤机组燃用的煤种，特别是高硅、高铝、高灰分、高比电阻、低硫、低钠、低含湿量的煤种，不受煤质、烟气工况变化的影响；袋式除尘技术适用煤种及工况条件范围广泛，但在600MW级及大型机组中还未得到广泛推广与应用。

因此，燃煤电厂颗粒物超低排放技术路线选择时，首先应根据煤、飞灰成分判

断电除尘器对煤种的除尘难易程度。当为"较易"或"一般"时，可选择电除尘技术作为一次除尘技术，也可在经济比较后选择一次除尘技术；当煤种除尘难易性为"较难"时，即对于煤质波动大，灰分较高、荷电性能差、灰硫比较小的烟气条件，应选择电袋复合除尘技术或袋式除尘技术。600MW 级及以上机组宜选用电袋复合除尘技术，300MW 级及以下机组宜选用电袋复合除尘技术或袋式除尘技术，详见图 3-1。

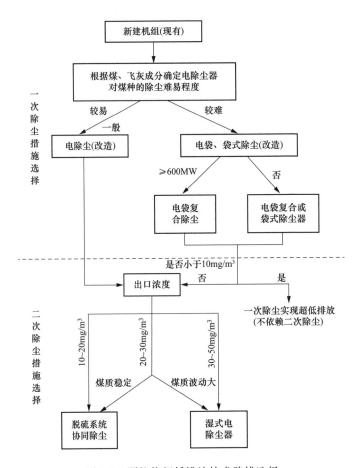

图 3-1　颗粒物超低排放技术路线选择

（二）二次除尘技术选择

湿法脱硫协同除尘和湿式电除尘器都是超低排放二次除尘的可行技术，从超低排放技术可靠性角度来说，如何选择二次除尘技术，关键取决于一次除尘措施出口烟尘浓度的大小及稳定性。

当燃煤电厂一次除尘器出口浓度为 10～20mg/m³（排放浓度略高于超低排放要

求）时，宜选择湿法脱硫协同除尘作为二次除尘措施，不需新增湿式电除尘装置；当一次除尘器出口浓度为 $20\sim30mg/m^3$ 时，如果电厂煤种来源稳定、负荷变化波动小，从经济角度出发，宜选择脱硫协同除尘作为二次除尘技术，否则应选择富裕度更大的湿式电除尘技术作为二次除尘技术；当一次除尘器出口浓度大于 $30mg/m^3$，湿法脱硫系统协同控制技术已经无法保证排放口浓度稳定达到 $10mg/m^3$ 的超低排放要求时，应选择加装湿式电除尘器作为二次除尘措施。

燃煤机组所采用的静电除尘器即使配套使用了低低温电除尘器、旋转电极、高频电源等新技术组合，出口烟尘浓度也只可以控制在 $20mg/m^3$ 以下，不能单独实现颗粒物的超低排放，必须通过脱硫系统协同除尘或湿式电除尘二次除尘才能实现超低排放。

燃煤机组所采用的电袋复合除尘一般出口烟尘浓度可控制在 $20mg/m^3$ 以下，当采用先进的超净电袋复合除尘技术时，可实现一次除尘即能达到超低排放要求，不需依赖后续二次除尘措施；袋式除尘一般出口烟尘浓度可控制在 $20mg/m^3$ 以下，当在参数设计时降低袋区过滤风速和压力降等，并选择高精滤料时，可实现一次除尘即能达到超低排放要求，不需依赖后续二次除尘措施。如采用超净电袋或高效袋式除尘技术单独实现超低排放，必须采取有效措施防止湿法脱硫系统二次颗粒物的产生。

燃煤电厂颗粒物超低排放技术路线二次除尘技术选择的技术方法详见图 3-1。

二、新建和现有机组颗粒物超低排放技术路线选择

结合上述技术路线选择方法，分别针对新建机组和现有机组举例说明如何进行超低排放技术路线选择。

（一）新建机组

新建机组不受现有技术改造、场地等因素的限制，可根据炉型、煤种适应性等因素，选择技术可行、运行可靠的技术路线，然后通过经济性比较后，合理选择颗粒物超低排放技术路线。

新建煤粉炉机组颗粒物超低排放技术路线选择如下：

（1）对于煤质较为稳定，灰分较低、易于荷电、灰硫比较大的烟气条件，优先选择低低温电除尘器与复合塔脱硫系统的技术组合，作为颗粒物超低排放技术路线。

（2）对于煤质波动大，灰分较高、荷电性能差、灰硫比较小的烟气条件，对于600MW级及以上机组优先选择电袋复合除尘器，对于 300MW 级及以下机组优先选

择电袋复合除尘器或袋式除尘器进行除尘。应尽量考虑通过一次除尘技术即实现颗粒物超低排放，必要时可根据除尘器出口烟尘浓度考虑通过下游脱硫工艺的协同除尘效果实现超低排放。

新建循环流化床机组颗粒物超低排放技术路线选择如下：

（1）燃用劣质燃料时，灰分含量高，颗粒粒径较煤粉炉大，排烟温度普遍较高，优先选择电袋复合除尘器或袋式除尘器作为一次除尘，根据除尘器出口烟尘浓度及下游脱硫工艺的协同除尘效果，必要时选择加装湿式电除尘器。

（2）燃用热值较高的煤炭时，宜选用低低温电除尘器与复合塔脱硫系统的技术组合，作为颗粒物超低排放技术路线。

（3）对于采用干法或半干法脱硫技术的机组，脱硫后烟气中颗粒物浓度较高，应采用电袋复合除尘器或袋式除尘器，如不能实现颗粒物超低排放要求，可加装湿式电除尘器。

（二）现有机组

对于采用静电除尘器的现有机组，首先应考虑对现有除尘器进行提效改造。如煤种对现有电除尘器适应程度较好，应采取电源改造、清灰方式改造或低低温电除尘改造，或几种措施相结合的方式提高除尘效率；如果电厂煤炭来源复杂、煤质波动较大，现有电除尘器无法适应变化的煤种，可考虑对现有静电除尘器进行电袋复合除尘器改造。然后再根据提效改造后一次除尘能够达到的出口烟尘浓度大小，对湿法脱硫系统进行改造以提高协同除尘效率，必要时可选择加装湿式电除尘器。

对于采用电袋或袋式除尘器的现有机组，首先应根据电袋或袋式除尘器出口浓度，如在 $10\sim30mg/m^3$ 范围，可考虑通过脱硫系统改造提高协同除尘作用实现超低排放；如现有电袋或袋式除尘器出口烟尘浓度过高，应考虑对现有电袋或袋式除尘器进行提效改造，根据烟气成分和性质更换高精滤袋，提高一次除尘效率，减少出口烟尘浓度，然后通过对脱硫系统改造尽可能提高下游脱硫工艺的协同除尘效果，必要时选择加装湿式电除尘器。

第二节　燃煤电厂超低排放二氧化硫控制技术路线

一、二氧化硫超低排放技术选择方法

燃煤电厂除可以通过石灰石-石膏湿法高效脱硫技术实现二氧化硫超低排放外，

还可以通过氨法、海水法及烟气循环流化床法等脱硫方法实现超低排放。不同烟气脱硫技术的适用性概括如下：

（1）石灰石-石膏湿法烟气脱硫技术宜在有稳定石灰石来源的燃煤发电机组建设烟气脱硫设施时选用。

（2）氨法烟气脱硫技术宜在环境不敏感、有稳定氨来源地区的 30 万 kW 及以下燃煤发电机组建设烟气脱硫设施时选用，但应采取措施防止氨大量逃逸。

（3）海水法烟气脱硫技术在满足当地环境功能区划的前提下，宜在我国东、南部沿海海水扩散条件良好地区，燃用低硫煤种机组建设烟气脱硫设施时选用。

（4）烟气循环流化床法脱硫技术宜在燃用中低硫煤种且容量在 30 万 kW 及以下机组建设烟气脱硫设施时选用，尤其适用于干旱缺水地区的循环流化床锅炉。

选择二氧化硫超低排放技术路线时，应根据入口二氧化硫浓度大小、锅炉类型、机组单机规模等因素选择适用的脱硫技术或脱硫工艺，详见表 3-1 和图 3-2。

表 3-1　　　　　　　　　　不同超低排放烟气脱硫技术的适用性

脱硫技术	入口二氧化硫浓度（mg/m³）	地域	单机容量（MW）	锅炉类型
石灰石-石膏湿法	≤10000	不限	不限	不限
氨法	≤10000	电厂周围 200km 范围内有稳定氨源	≤300	尤其适用于循环流化床锅炉
海水脱硫	≤2000	沿海地区	不限	不限
烟气循环流化床	≤1500	尤其适用于缺水地区	≤300	尤其适用于循环流化床锅炉

对于石灰石-石膏湿法脱硫来说，不同入口浓度，需要采用具有不同的脱硫效率的脱硫工艺，才能实现稳定超低排放。按照超低排放控制要求，脱硫塔出口二氧化硫浓度要稳定达到 35mg/m³，采用石灰石-石膏湿法脱硫，入口浓度不大于 1000mg/m³ 时，脱硫效率要求在 97% 以上，可以选择传统空塔喷淋提效技术；入口浓度不大于 2000mg/m³ 时，脱硫效率要求在 98.5% 以上，可以选择复合塔脱硫技术中的双托盘、沸腾泡沫等；入口浓度不大于 3000mg/m³ 时，脱硫效率要求在 99% 以上，可以选择旋汇耦合、双托盘塔等技术；入口浓度不大于 6000mg/m³ 时，脱硫效率要求在 99.5% 以上，可以选择单塔双 pH 值、旋汇耦合、湍流管栅技术；入口浓度不大于 10000mg/m³ 时，脱硫效率要求在 99.7% 以上，可以选择双塔双 pH 值、旋汇耦合技术。需要注意的是适用于入口浓度高的工艺，也适用于入口浓度低的情况，只是投资成本会有所增加。

对于氨水或液氨来源稳定、运输距离短，且电厂附近环境不敏感、300MW级及以下的燃煤机组，以及入口二氧化硫浓度不大于 10000mg/m³ 的电厂，可以选择氨法脱硫实现超低排放。

对于滨海电厂且海水扩散条件较好、符合近岸海域环境功能区划要求时，对于入口二氧化硫浓度不大于 2000mg/m³ 的电厂，可以选择先进的海水脱硫技术实现超低排放。

对于缺水地区，吸收剂质量有保证，入口二氧化硫浓度不大于 1500mg/m³ 的 300MW 级及以下的燃煤机组，可以选择烟气循环流化床脱硫技术实现超低排放；结合循环流化床锅炉的炉内脱硫效率，可以应用于 300MW 级及以下的中等含硫煤的循环流化床机组。

燃煤电厂二氧化硫超低排放技术路线选择示意图见图 3-2。

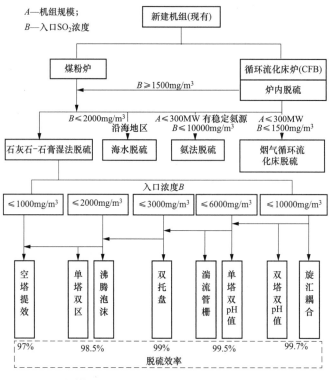

图 3-2 燃煤电厂二氧化硫超低排放技术路线选择示意图

二、新建和现有机组二氧化硫超低排放技术选择

1. 新建机组

新建机组不受现有技术改造、场地等因素的限制，可根据炉型、入口二氧化硫

浓度、机组规模等因素，选择技术可行、运行可靠的技术路线，然后通过经济性比较后，合理选择二氧化硫超低排放技术路线。

（1）对于煤粉炉锅炉、燃用中低硫煤、入口二氧化硫浓度不超过 2000mg/m³、煤质较为稳定的沿海电厂，在海水扩散条件较好、符合近岸海域环境功能区划要求时，优先选择海水脱硫技术实现超低排放。

（2）对于 300MW 级及以下煤粉炉机组、燃用中低硫煤、入口二氧化硫浓度不超过 1500mg/m³、煤质较为稳定的缺水地区电厂，优先选择烟气循环流化床半干法脱硫技术实现超低排放。

（3）对于 300MW 级及以下循环流化床锅炉，燃用中低硫煤、入口二氧化硫浓度不超过 1500mg/m³ 时，优先选择炉内脱硫后＋烟气循环流化床脱硫技术实现超低排放。

（4）对于 300MW 级及以下机组，若周围 200km 范围内有稳定氨源，可选择采用氨法脱硫技术实现超低排放，也可采用石灰石-石膏湿法脱硫技术实现超低排放。

（5）对于 600MW 级及以上燃用中高硫煤的大机组，优先选择石灰石-石膏湿法脱硫技术实现超低排放（具体工艺选择见图 3-2）。

2. 现有机组

现有机组应根据现有脱硫技术类型、场地条件、入口浓度等因素综合确定合理可行的脱硫超低排放改造方案。

对于已经采用石灰石-石膏湿法脱硫的机组，应首先考虑提效改造，根据入口二氧化硫浓度大小和场地（空间）条件可选择空塔提效、复合塔技术改造或 pH 值分区技术改造，具体按图 3-2 所示进行选择，其中双塔双 pH 值脱硫工艺改造尤其需要场地和空间条件允许。

对于采用其他脱硫技术的机组，应根据入口二氧化硫浓度，首先确定本身采用的技术是否具有提效的空间，以及提效的空间有多大。如果没有提效空间，或提效空间不足以满足超低排放的要求，则建议根据炉型、入口二氧化硫浓度、场地（空间）条件重新选择脱硫技术，具体如上文所述。

第三节　燃煤电厂超低排放氮氧化物控制技术路线

一、氮氧化物超低排放技术路线选择方法

为实现燃煤机组氮氧化物超低排放，首先应对锅炉采取低氮燃烧技术，在保证

锅炉效率和安全的前提下应尽可能降低锅炉出口氮氧化物的浓度；然后根据锅炉类型、炉膛出口浓度合理选择烟气脱硝技术。具体如下：

对于燃用烟煤或褐煤的煤粉锅炉（切向燃烧、墙式燃烧），应通过低氮燃烧器改造和炉膛燃烧条件的优化，确保锅炉出口氮氧化物浓度小于 $550mg/m^3$。炉后采用 SCR 烟气脱硝，通过选择催化剂层数、精准喷氨、流场均布等措施保证脱硝设施稳定高效运行，实现氮氧化物超低排放。

对于循环流化床锅炉，应通过燃烧调整，确保氮氧化物生成浓度小于 $200mg/m^3$。通过加装 SNCR 脱硝装置，实现氮氧化物超低排放；如不能满足超低排放要求，可在炉后增加 SCR，采用一层催化剂。

对于燃用无烟煤的 W 型火焰锅炉，也应在保证锅炉效率和安全的前提下，通过高效分级燃烧技术，降低锅炉出口氮氧化物的浓度不超过 $900mg/m^3$。炉后通过 SNCR＋SCR（3＋1），可实现超低排放。例如山西大唐阳城电厂 W 型火焰锅炉机组，通过炉内低氮燃烧和炉外脱硝改造，实现氮氧化物超低排放。

图 3-3 所示为燃煤电厂氮氧化物超低排放技术选择示意图。

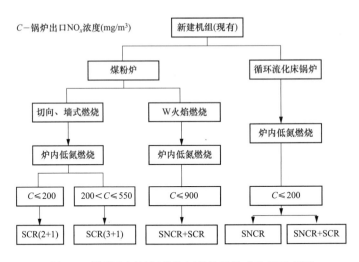

图 3-3　燃煤电厂氮氧化物超低排放技术选择示意图

二、新建和现有机组氮氧化物超低排放技术选择

对于新建机组，为实现氮氧化物超低排放，首先选择采用高效低氮燃烧技术的锅炉，尽量减少锅炉出口氮氧化物浓度，然后根据锅炉类型、燃用煤种、锅炉出口浓度大小等因素，合理选择炉后烟气脱硝技术。煤粉炉优先选择 SCR 技术；循环流

化床锅炉优先选择 SNCR 技术，必要时加装小型 SCR。详见本节第一部分。

对于现有燃用烟煤和褐煤的煤粉炉机组，为实现氮氧化物超低排放，首先应确定现有锅炉是否还有低氮燃烧改造的提升空间，如有应首先考虑低氮燃烧改造和炉膛燃烧条件优化，进一步降低锅炉出口氮氧化物浓度；炉后采用 SCR 脱硝技术的现有机组，应通过增加催化剂层数、精准喷氨、流场均布等技术改造实现氮氧化物超低排放。

对于现有循环流化床机组应首先通过炉内低氮燃烧改造降低锅炉出口氮氧化物浓度，然后通过 SNCR 烟气脱硝技术实现超低排放；如不能实现超低排放，必要时可在 SNCR 后加装小型的 SCR（采用一层催化剂）烟气脱硝技术。

对于现有燃用无烟煤的 W 火焰锅炉，可通过炉内低氮燃烧改造，增加 SNCR 烟气脱硝装置，增加现有 SCR 脱硝催化剂层数（3＋1 或 4＋1）等措施联合，实现氮氧化物超低排放。

第四节　燃煤电厂超低排放非传统大气污染物控制展望

目前我国超低排放技术已经从技术单一化逐渐走向技术多元化，控制的大气污染物也由传统的颗粒物、二氧化硫、氮氧化物逐渐进行扩展。研究表明，在燃煤电厂超低排放之后，火电行业将要重点重视的是三氧化硫、氨、重金属的排放与控制，国内部分火电企业已进行三氧化硫、氨、重金属的控制措施示范。

一、燃煤电厂三氧化硫排放与控制

在燃煤电厂中由于选择性催化还原（SCR）和湿式烟气脱硫（WFGD）系统的迅速广泛使用，三氧化硫扩散或其水合式 H_2SO_4 问题（蓝色羽烟）已经越来越引起关注。

（一）燃煤电厂三氧化硫的产生

燃煤电厂烟气中，三氧化硫主要来自两方面：①燃烧过程中，煤中可燃性硫燃烧生成二氧化硫，部分二氧化硫进一步氧化成三氧化硫。②在 SCR 脱硝过程中，烟气中部分二氧化硫被 SCR 催化剂催化氧化为三氧化硫。

在煤燃烧过程中，所有的可燃硫都会受热被释放出来，在氧化性气氛下会被氧化生成二氧化硫，当过量空气系数大于 1 时，会有近 0.5%～2.0% 的二氧化硫进一步转化成三氧化硫。

一般燃煤电厂采用选择性催化还原（SCR）技术进行脱硝，使用钒、钨、钛系列催化剂。V_2O_5 对二氧化硫的氧化过程具有强烈的催化作用。烟气每经过一层催化剂，二氧化硫的氧化率在 0.2%～0.8% 之间。

目前部分地区开始开展燃煤电厂"消白"，安装 MGGH（水媒介气气换热器）后，烟气中的飞灰会积聚在 MGGH 的换热元件上，飞灰中的重金属会起催化剂的作用，也会将烟气中的部分二氧化硫转化为三氧化硫，对升高烟气的酸露点是有影响的。

（二）燃煤电厂三氧化硫的危害

三氧化硫的毒性是二氧化硫的十倍，极易溶于水形成 H_2SO_4 酸雾，这种酸雾不仅会对人的呼吸道产生严重的破坏作用，同时也是造成酸雨的直接来源。

目前燃煤电厂建设的脱硫、脱硝、除尘设施对烟气中的三氧化硫的脱除能力有限，并且 SCR 脱硝运行后，在一定程度上增加了烟气中三氧化硫的浓度，它是电厂设备腐蚀、堵塞、蓝烟/黄烟的主要原因，非常容易危及机组的安全运行及造成环境污染。

此外，由于烟气中三氧化硫浓度的增加，其对燃煤电厂 SCR 及下游设备的影响也日益突出，有下列明显的副作用：①由于三氧化硫使露点抬高而降低单位热耗和增加设备下游的腐蚀。②由于三氧化硫与氨的反应使空气预热器和 SCR 催化器结垢。③三氧化硫与水银在吸收部位的碳颗粒上争夺会使对水银扩散控制的有效性降低。

（三）燃煤电厂三氧化硫的控制

结合近年来燃煤电厂大气污染物"超低排放"的要求，形成了下列可行的三氧化硫控制技术。

1. 燃烧低硫煤

电厂使用低硫煤、混煤是降低烟气中二氧化硫、三氧化硫最直接的方法。燃烧低硫煤可降低烟气中二氧化硫的浓度，从而减少在炉膛内或 SCR 反应器中生成的三氧化硫的量。当全部更换为低硫煤比较困难时，可进行不同比例的低硫煤掺烧。

2. 湿式静电除尘器

美国 Bruce Mans-field 电厂安装管式湿式静电除尘器后，细颗粒物脱除效率为96%，三氧化硫脱除效率为92%。但无法缓解对 WFGD 前的设备如 SCR 催化剂、空气预热器等的不利影响。

3. 待开发的末端治理技术

燃煤电厂三氧化硫末端治理技术主要是向炉内喷射碱性吸收剂，以及向炉后喷碱性吸收剂。

二、燃煤电厂氨排放与控制

燃煤电厂超低排放中氮氧化物排放政策要求控制在 $50mg/m^3$，随着控制指标的提高，也带来了一些问题。燃煤电厂为了实现超低排放，SCR 催化剂基本经历了增加备用层、更换运行层等措施，氨逃逸高成了一个普遍不可回避的难题。

（一）燃煤电厂氨的产生

燃煤电厂烟气中氨产生的原因较多，基本都是在运行中产生的，与煤的燃烧基本没有关系。

（1）自动调节性能不好，导致喷氨量失衡。AIG（Ammonia Injection Grid，喷氨格栅）喷氨不均匀，导致出口氮氧化物不均匀，局部氨逃逸高。

脱硝入口氮氧化物分布不均匀，与喷氨格栅每个喷嘴的喷氨量不匹配，导致出口氮氧化物不均匀，从而使局部氨逃逸高。

自动调节性能不好。在变负荷时、启停制粉系统时，喷氨量不能适应负荷和脱硝入口氮氧化物的变化，导致脱硝出口氮氧化物波动太大，瞬时喷氨量相对过大，从而引起氨逃逸增加。

脱硝自调控制策略存在缺陷。测点反吹时，自调的跟踪问题不能彻底解决。往往在反吹结束后，SCR 出口氮氧化物会有一个阶跃，突然升高或突然降低，增加扰动和波动，增加氨逃逸。

（2）测量系统不精确，导致喷氨量失衡。测量系统不准确，一般 SCR 左右侧出入口各装一个测点，在测点发生表管堵塞、零漂时不具有代表性，导致自调系统喷氨过量，从而引起氨逃逸升高。包括氮氧化物测点、氧量测点、氨逃逸测点。

测点位置安装位置不具代表性，测点数量过少。安装位置没有经过充分的混合，会导致测量不准。另外测点数量太少，不能随时比对，当发生堵塞、零漂时不能及时发现。

测点故障率高，当测点故障时指示不准，引起自调切除，只能手调，难以适应 AGC（Automatic Generation Control，自动发电控制）负荷随时变动的需求。

由于 SCR 脱硝装置处于烟气的高灰段，而氨逃逸表是利用激光原理测量的，所以容易引起测量不准。测量技术不过关，不能准确反映氨逃逸情况，就不能给运行一个有效的参考数据。由于原烟气含灰量高达 $30\sim50g/m^3$，所以传统的对射式氨逃逸分析仪无法穿透；并且由于锅炉负荷的变化会导致光速偏移，所以维护量很大。

而由于在较低温度下（230℃以下），NH_3 和 SO_3 会生成 NH_4HSO_4，对于传统的采样管线抽取式氨逃逸分析仪的采样管伴热温度不会超过180℃，所以在采样管线中硫酸氢铵会快速生成，导致氨气部分或全部损失，监测结果没有实际意义。

（3）运行状况变化，导致喷氨量失衡。在变负荷和启停制粉系统时，脱硝入口氮氧化物波动大，从而引起脱硝出口波动大，喷氨量波动大，引起氨逃逸。由于低氮燃烧器改造的效果差，所以在实际运行中，尤其是在大幅度变负荷时，脱硝入口氮氧化物变化较大，会加大脱硝自调的难度。

AGC投入时，普遍变负荷速率较快。为了响应负荷的快速变化，燃料量变化太快，风粉配比不能保证脱硝入口氮氧化物稳定，会引起大幅波动。

烟气温度变化幅度大。在低负荷时，烟温下降。局部烟温太低，会使催化剂活性下降，从而引起氨逃逸升高。

运行状况变化使得烟气流场不均匀，导致喷氨量与烟气量不匹配。烟气流速在烟道的横截面各个位置不能均匀分布，尤其在烟道发生转向后，各个部位风速不一致，会导致局部氨逃逸偏高。

（4）其余原因。催化剂局部堵塞、性能老化，导致单层催化剂各处催化效率不同。为了控制出口参数，只能增加喷氨量，从而导致局部氨逃逸升高。

液氨质量差。由于液氨的腐蚀性和有毒性，检测很不方便。一般液氨的检测由厂家自行检测。因此，对液氨质量缺乏有效监督。现场经常发生供氨管道滤网堵塞的现象，也会造成喷氨格栅喷氨量的不均匀，从而影响氨逃逸。

（二）燃煤电厂氨的危害

氨逃逸是指SCR脱硝系统由于种种原因，会造成催化剂后的烟气中氨气的含量超标。这会带来一系列严重后果，其中堵塞是主要危害。

（1）催化剂堵塞。由于铵盐和飞灰小颗粒在催化剂小孔中沉积，阻碍了氮氧化物、NH_3、O_3 到达催化剂活性表面，会引起催化剂钝化。钝化后，脱硝效率下降，为了保持环保参数不超标，会喷更多的氨，这将引起恶性循环。

（2）空气预热器堵塞。铵盐沉积在空气预热器冷端，会引起空气预热器堵塞，增加系统阻力，增加风机电耗，影响带负荷，高负荷风量不能满足要求，引起空气预热器冷端低温腐蚀。系统堵塞后会引起送风机、一次风机、引风机失速、抢风；出力受阻，排烟温度失控；甚至引发非停事故。

（3）SCR出口CEMS（Continuous Emission Monitoring System，烟气连续排放监测系统）过滤器堵塞。SCR出口CEMS一般采用抽取式，伴热温度为120℃，铵盐容易沉积堵塞过滤器和取样管，引起测点不准确，或者引起自调失灵，从而使环保参数失控。

（4）导致电除尘极线积灰和布袋除尘器糊袋。氨逃逸大会引起电除尘极线积灰，阴阳极之间积灰产生搭桥现象导致电除尘电场退出运行。氨逃逸过大会造成铵盐糊在布袋上，引起布袋除尘器压差高，从而导致引风机电流高，严重时影响风量、引起出力受阻，造成风机失速、保护停机等事故。

（5）氨逃逸过量进入空气，会对人体健康产生影响。氨被吸入肺后容易通过肺泡进入血液，与血红蛋白结合，破坏运氧功能。短期内吸入大量氨气后可出现流泪、咽痛、声音嘶哑、咳嗽、痰带血丝、胸闷、呼吸困难，可伴有头晕、头痛、恶心、呕吐、乏力等，严重者可发生肺水肿、成人呼吸窘迫综合征，同时可能发生呼吸道刺激症状。因此碱性物质对组织的损害比酸性物质深且严重。

（三）燃煤电厂氨的控制

针对上述分析的燃煤电厂氨产生的原因，主要从以下三个方面进行解决问题的优化措施：①一次系统的优化改造。如流场、喷氨设备的均匀性调整，以及燃烧器的改造。②脱硝控制系统的优化。如自调系统的适应性和平稳性，测点的可靠性，自调策略的先进性和全面性。③锅炉燃烧调整的优化。燃烧自调系统对脱硝环保参数的兼顾和前馈，整个锅炉设备的系统性优化。

燃煤电厂具体氨的控制方法有很多种，总结起来主要包括以下几类：

（1）优化脱硝自调特性，将脱硝出口氮氧化物控制在 $30\sim50\mathrm{mg/m^3}$ 之间，防止调门开得过大，瞬间供氨量过大，导致氨逃逸升高。提高自调的适应性，保证在任何工况下都能满足要求，将波动幅度控制到最小。尤其在大幅升降负荷和启停制粉系统时，避免氮氧化物长时间处于较低的状态。

（2）优化脱硝测点反吹期间的控制策略。在自调逻辑中引入脱硝入口氮氧化物前馈信号和净烟气氮氧化物反馈信号。在反吹期间合理选择被调量，比如可以用净烟气氮氧化物作为临时被调量。在反吹结束后，再切回原来的被调量，保证在反吹结束后氮氧化物参数平稳，不出现大幅跳变，在反吹期间不需要人为干预。使自调投入率达 99％以上。

（3）优化燃烧调整自调特性，在燃烧自调中考虑风粉自调对脱硝入口氮氧化物的影响，使脱硝入口氮氧化物在负荷波动和其他扰动下波动幅度最小，降低脱硝自调的难度。

（4）提高 CEMS 测点的可靠性。可以通过增加测点数量或者提高维护质量来提高测点的可靠性。尽量降低由于测点故障引起的自调功能失效时间。

（5）在脱硝系统画面中增加反吹报警提示。比如"A 侧出口 NO_x 反吹""B 侧出口 NO_x 反吹""净烟气出口 NO_x 反吹"。提醒相关人员对吹扫期间参数的关注，防止自调失控，氨逃逸过高。

（6）合理调整反吹时间和时段。杜绝两点和三点同时反吹。当由于反吹时间间隔不同出现同时反吹时，其中一点反吹时间自动提前或后延 10min，避免同时反吹。

（7）开展准确的烟道烟气流场试验，做到在任何负荷下，喷氨格栅断面和催化剂断面烟气流速均匀。

（8）开展燃烧优化试验，做到在任何负荷下，喷氨格栅断面前氮氧化物均匀。比如可以重新确定各负荷下的氧量控制范围，降低脱硝入口氮氧化物数值和波动幅度。可以增加锅炉自动投切粉、自动启停磨煤机逻辑，判据除了引入氧量、负荷、粉量、煤量外，还可以引入脱硝入口氮氧化物作为前馈，使锅炉在大扰动的情况下，保证脱硝入口氮氧化物变化最小。

（9）开展烟道喷氨格栅均布试验，做到在任何负荷下，喷氨格栅断面喷氨均匀，与烟气量匹配。提高喷氨格栅均匀性，利用网格法实时监控喷氨格栅的均匀性。应聘请有资质的试验所每半年在线调节一次喷氨格栅均匀性。

（10）开展催化剂性能测试试验，做到在任何负荷下，催化剂后的氮氧化物均匀。

（11）预防催化剂积灰。提高声波吹灰气源压力；经常对气源罐进行疏水；每次脱硝投入或是机组启动开启风烟系统前要先启动声波吹灰器；运行中也要检查吹灰器工作正常。利用停备和检修清理催化剂积灰，及时疏通堵塞的催化剂，更换老化的催化剂。清除喷氨喷嘴及供氨管道、阀门堵塞的现象，消除稀释风系统堵塞的情况。

（12）更换落后的氨逃逸表。采用先进技术的氨逃逸表，定期校对，保证指示准确。

（13）控制脱硝入口烟温在合理范围，保证催化剂工作在最佳工作温度。过高容易烧结，过低效率不高，容易中毒，失去活性。

（14）合理确定 AGC 响应速度。过高的响应速度对电网也许是好事，但对电厂却可能是灾难。长期的负荷波动会给设备带来交变应力，大大降低使用寿命，对于环保参数的控制也极为不利。因此，应兼顾电网和电厂的安全经济运行，确定合适的变负荷率，而不是盲目追求高速度。例如经常看到的有的机组在升负荷，而有的机组却在降负荷，有的机组负荷在大幅度降低后又快速升起，都会给电厂设备造成不必要的扰动，同时也带来了安全隐患和经济性下降。

（15）提高液氨质量，减少杂质，减少堵塞滤网、堵塞喷氨格栅分门的机会。

三、燃煤电厂重金属排放与控制

随着火电厂超低排放的推进并接近全面完成，从排放的角度，燃煤电厂重金属污染越来越成为关注重点。从环境的角度，燃煤对大气、天然水体的重金属污染也越来越受到重视。因此专门对燃煤进行重金属的分析、分布研究，进而进一步采取控制措施是很有必要的。

1. 燃煤电厂重金属的产生

燃煤电厂烟气中重金属产生的原因主要是来自不同煤种，不同煤种的重金属分布不一样。其中，砷、汞、铬、镉、钴、镍、锡、锌、铅和钒等是在煤的利用中最值得关注的 10 种对环境和人类健康造成危害的痕量重金属元素。

2. 燃煤电厂重金属的危害

燃煤电厂中重金属的危害，主要不是对电厂系统自身的危害，而是对社会环境的危害。重金属的危害在于它不能被微生物分解且能在生物体内富集形成其他毒性更强的化合物。在环境中重金属经历地质和生物双重循环迁移转化，最终通过大气、饮水、食物等渠道，以气溶胶、粉尘颗粒或蒸汽的形式被人吸入体内。

重金属不仅危害人体的呼吸系统，甚至随着血液循环，在体内长期积蓄，有的会与体内某些有机物结合并转化为毒性更强的金属有机化合物。

3. 燃煤电厂重金属的控制

目前燃煤电厂针对重金属进行控制的只有汞及其化合物，其余重金属没有系统提出控制措施和排放标准，也都是在除尘、脱硫、脱硝中进行协同控制。下面仅以汞的控制进行说明。

燃煤电厂汞污染防治技术可分为三类：燃烧前控制、燃烧中控制和燃烧后控制。燃烧前控制主要包括洗煤技术和煤低温热解技术。燃烧中控制主要通过改变优化燃烧和在炉膛中喷入添加剂氧化吸附等方式，结合后续设施加以控制。燃烧后控制主要有三种：第一种是基于现有非汞控制设施的协同控制技术，利用现有包括 SCR、ESP（电除尘）、FGD（烟气脱硫）等在内的非汞污染物控制设施对汞的协同控制作用；第二种是基于现有设施改进的单项控汞技术，如改性 SCR 催化剂汞氧化技术、除尘器前喷射吸附剂（如活性炭、改性飞灰、其他多孔材料等）、脱硫塔内添加稳定剂、脱硫废水中加络合（螯合）剂等技术，实现更高的汞控制效果；第三种是通过专门的多污染物控制技术（等离子、臭氧、活性焦、有机胺、双氧水等）及装备实现汞、硫、氮等多污染物联合脱除。此外，汞的监测和检测技术发展迅速，既可以在线监测，又可以手工采样监测。

四、燃煤电厂非传统大气污染物控制政策建议

由于国家层面当前还没有出台燃煤电厂三氧化硫、氨、重金属等非传统大气污染物系统的控制政策与技术，所以建议针对燃煤电厂上述非传统大气污染物的控制，尽快加大研究力度，尽快加大工程示范。

1. 尽快出台控制技术政策

结合全国燃煤电厂区域分布及排放情况，尽快研究制定出针对地方三氧化硫、氨、重金属的控制技术政策，分别出台《火电厂三氧化硫污染防治技术政策》《火电厂氨污染防治技术政策》与《火电厂重金属污染防治技术政策》，为全国火电行业三氧化硫、氨、重金属等非传统大气污染物污染防治以及相关的大气污染物协同治理的技术选择，环境管理部门的监管，以及企业污染防治工作提供宏观的技术支撑。

2. 尽快出台排放控制标准

针对包括燃煤电厂锅炉在内的锅炉排放标准，目前国内已经有北京、上海、天津、广东、山东等省市出台，包括河北、陕西等省尚在征求意见。杭州也出台了《锅炉大气污染物排放标准》（征求意见稿），在全国范围内首次提出了包括现有、新建的燃煤锅炉（包括燃煤发电锅炉）、燃油锅炉、燃气锅炉、燃生物质锅炉、掺烧垃圾污泥的锅炉的三氧化硫、氨的控制。

建议全国尽快出台相关排放控制标准，把三氧化硫、氨、部分重金属作为重点大气污染物纳入标准控制体系，在火电厂大气污染防治从政策、标准，到技术路线形成一个完整的体系。

3. 尽快出台控制技术路线

在出台相关排放控制标准的同时，尽快组织相关科研院所、高校等技术力量，全面调研与评估全国不同地区火电行业三氧化硫、氨、重金属的排放水平。在此基础上，以燃煤电厂三氧化硫、氨治理为重点，同时考虑重金属的污染防治，兼顾其余相关的污染物协同控制与治理，对我国火电厂三氧化硫、氨、重金属等污染治理措施进行系统梳理与研究，特别是燃煤电厂三氧化硫、氨的达标排放可行技术路线研究，结合当前我国宏观的环境管理战略要求，进一步提出引领火电行业非传统大

气污染物污染防治技术的技术路线与发展方向。

4. 尽快开展相关工程示范

结合上述从政策、标准到技术路线的建议，同步开展相关工程示范。由于我国部分电力行业科研院所，以及部分重点高校，已经在三氧化硫、氨、重金属等非传统大气污染物的治理技术上有很多技术储备，所以需要从国家层面，尤其是科技部、生态环境部等政府层面，以重点科研项目的形式，尽快立项开展工程示范工作。

总而言之，无论是从包括颗粒物、二氧化硫、氮氧化物等单个大气污染物控制而言，还是系统的燃煤电厂超低排放控制技术而言，目前都有较为成熟且较为多元化的可选技术，需要按照"因煤制宜，因炉制宜，因地制宜，统筹协同，兼顾发展"的原则，在具体工程自身实际情况具体分析的基础上进行选择，考虑到不同技术的原理、特点及适用性、影响因素、能耗、经济性、成熟度等因素，综合给出单个燃煤电厂的超低排放技术路线。对于非传统大气污染物，需要重点关注三氧化硫、氨、重金属的排放与控制。

燃煤电厂大气污染物超低排放典型技术路线见图3-4。

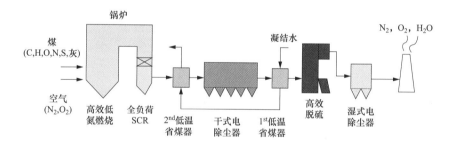

图 3-4　燃煤电厂大气污染物超低排放典型技术路线

第四章

燃煤电厂超低排放性能评估

目前我国燃煤超低排放已经较为成熟，需要进一步通过科学的评估来确定排放的稳定性状态，研究我国燃煤电厂实施超低排放政策后大气污染物总体排放水平。评估我国超低排放污染治理技术长期运行可靠性和稳定性，对于我国超低排放政策的推广和技术的发展具有重要意义。本章节按照燃煤电厂超低排放的发展历史过程，分为两个阶段的选择性评估。2017 年前，通过实测 11 台机组，测试工况为 100%、75% 或 50% 负荷率的情况下的超低排放稳定达标情况。2017 年后，通过我国中部地区某省已实现超低排放的 139 台全覆盖的燃煤机组 2017 年全年在线监测数据，对烟尘、二氧化硫、氮氧化物小时浓度符合超低限值的时间比率（符合率）、月均浓度值、单位电量排放绩效情况进行了统计分析，研究超低排放燃煤电厂大气污染物在线数据连续排放特征。总体而言，新建及改造的超低排放煤电机组烟尘（颗粒物）、二氧化硫、氮氧化物总体上能满足超低排放要求，但长期经济性、设备可靠性还需要时间检验。

🏭 第一节   2017 年前燃煤电厂超低排放稳定性抽样评估

一、测试对象概况

本部分内容旨在通过对 2017 年前，主要是超低排放初期的部分超低排放燃煤电厂进行抽样评估，鉴于评估体系和评估方法没有完全建立，评估结果仅供参考。

本部分数据引用由国电环境保护研究院承担的环保部 2016 年度污染减排技术政策研究课题《电力行业超低排放改造实施情况评估》研究报告中的成果与数据。根据报告中 2014 年 4 月～2015 年 12 月开展的实测数据，以及调取部分企业 CEMS/DCS 3 个月以上记录进行稳定性分析，相关测试工作均委托具 CMA 计量认证资质的单位完成，测试工况为 100%、75% 或 50% 负荷率。

表 4-1 所示为实测火电企业基本情况。

表 4-1 实测火电企业基本情况

序号	企业	规模	测试时间	测试因子	燃料质量	核心技术路线
1	浙江 JH 厂	2×1000 MW	2014 年 7 月 1～8 日	SO$_2$、SO$_3$、NO$_X$、烟尘、PM$_{2.5}$、Hg、O$_2$、NH$_3$、烟气温度、湿度、压力、流速等	硫分 0.31%～0.75% 灰分 9.09%～16.13%	湿式电除尘
2	浙江 ZS 厂	350MW	2014 年 11 月 25～29 日	SO$_2$、SO$_3$、NO$_X$、烟尘、PM$_{2.5}$、Hg、CO、O$_2$、NH$_3$、烟气温度、湿度、压力、流速等	硫分 0.46% 灰分 12.64%	湿式电除尘
3	广东 NS 厂	330MW	2014 年 12 月 27～30 日	SO$_2$、SO$_3$、NO$_X$、烟尘、PM$_{2.5}$、Hg、O$_2$、NH$_3$、HCl、烟气温度、湿度、压力、流速等	硫分 0.41% 灰分 7.72%	湿式电除尘
4	河北 DZ 厂	660MW	2014 年 4 月 16～23 日、6 月 2～10 日	SO$_2$、NO$_X$、烟尘、Hg、O$_2$、烟气温度、湿度、流速等	硫分 0.58% 灰分 11%	湿式电除尘
5	山西 YG 厂	300MW	2015 年 9 月 15～21 日	SO$_2$、SO$_3$、NO$_X$、烟尘、雾滴、PM$_{2.5}$、Hg、O$_2$、NH$_3$、烟气温度、湿度、压力、流速等	硫分 0.67%～1.31% 灰分 26.6%～32.5%	低低温+高效除尘脱硫
6	广东 HZ 厂	350MW	2015 年 2 月 3～9 日、5 月 5～14 日	SO$_2$、SO$_3$、NO$_X$、烟尘、CO、PM$_{2.5}$、Hg、O$_2$、烟气温度、湿度、压力、流速等	硫分 0.71% 灰分 8.12%	湿式电除尘
7	江苏 WT 厂	660MW	2015 年 9 月 9～10 日	烟尘、O$_2$、烟气温度、湿度、压力、流速等	硫分 0.66% 灰分 17.77%	低低温电除尘
8	江西 XC 厂	700MW	2015 年 5 月 16～20 日	SO$_3$、烟尘、O$_2$、烟气温度、湿度、压力、流速等	硫分 1.03% 灰分 23.25%	低低温电除尘
9	山东 HD 厂	670MW	2015 年 4 月 8～10 日	烟尘、O$_2$、SO$_3$、烟气温度、湿度、压力、流速等	硫分 0.49% 灰分 13.47%	湿式电除尘
10	江苏 YE 厂	630MW	2015 年 12 月 9～10 日	烟尘、O$_2$、烟气温度、湿度、压力、流速等	硫分 0.87% 灰分 15.38%	湿式电除尘
11	广东 SJ 厂	660MW	2015 年 4 月 23～26 日	烟尘、PM$_{2.5}$、O$_2$、烟气温度、湿度、压力、流速等	硫分 0.64%～1.77% 灰分 7.66%～16.72%	超净电袋

二、烟尘（颗粒物）排放浓度

表 4-2 所示为配备低低温静电除尘器的不同电厂现场测试所得到的烟尘（颗粒

物）的浓度，以及对应的总除尘效率。

表 4-3 所示为配备湿式电除尘器的不同电厂现场测试所得到的烟尘（颗粒物）的入口浓度、出口浓度和对应的除尘效率，同时还测试了 $PM_{2.5}$ 入口浓度、出口浓度以及对应的 $PM_{2.5}$ 脱除效率，以及三氧化硫入口浓度、出口浓度以及对应的脱除效率。

表 4-4 所示为上述现场实测的电厂总排口烟尘（颗粒物）排放浓度 CEMS 测试结果，以及烟尘（颗粒物）排放浓度分别不大于 10、5mg/m^3 的保证率。

表 4-2　　　　低低温静电除尘器性能测试结果

项目	江苏 YE 厂	江西 XC 厂	河北 DZ 厂	广东 HZ 厂	浙江 JH 厂		山西 YG 厂
烟尘浓度（mg/m^3）	11.5～13.3	28.3～29.4	9.52～13.43	13.65～13.88	10～12.1	7.36～7.89	21.2～24.2
除尘效率（%）	99.94	99.89～99.9	99.9～99.91	99.84～99.85	99.9～99.94	99.84～99.91	99.94～99.95

表 4-3　　　　湿式电除尘器性能测试结果

项目	江苏 YE 厂	山东 HD 厂	河北 DZ 厂	广东 HZ 厂	浙江 JH 厂	广东 NS 厂	浙江 ZS 厂
入口烟尘浓度（mg/m^3）	12.5～14.6	20.1～26.7	8.9～11.2	7.4～8.8	3.7～14.0	3.5～7.6	2.4～3.2
出口烟尘浓度（mg/m^3）	2.6～3.6	2.3～2.9	2.8～3.2	1.4～1.7	1.1～4.8	1.3～1.8	0.7～0.8
除尘效率（%）	77.1～79.7	88.2～88.9	68.3～71.8	80.9～81.1	69.3～95.3	61.9～76.5	71.8～74.0
入口 $PM_{2.5}$ 浓度（mg/m^3）	7.2～8.0	5.9～6.9	5.6～6.6	5.0～5.4	1.3～2.1	0.9～2.4	2.0～2.8
出口 $PM_{2.5}$ 浓度（mg/m^3）	1.7～2.0	1.1～1.3	2.7～2.9	0.9～1.1	0.2～0.3	0.2～0.5	0.5～0.6
$PM_{2.5}$ 脱除率（%）	75.8～76.4	80.9～81.5	51.6～55.6	80.6～82.7	78.1～89.1	73.3～78.4	74.2～78.3
入口 SO_3 浓度（mg/m^3）	—	0.509～0.512	1.63～2.12	3.0～3.6	7.73～11.2	36.4～67.1	2.27～2.29
出口 SO_3 浓度（mg/m^3）	—	0.101～0.102	1.04～1.34	1.3～1.8	2.4～3.39	3.5～4.2	1.09～1.19
SO_3 脱除率（%）	—	80.1～80.3	36.3～36.8	50～56.7	65.9～73.9	90.4～93.7	48.2～52.1
石膏液滴浓度（mg/m^3）	—	—	13.7～14.9	3.9～4.1	3.0～8.2	14.2～17.5	—

表 4-4　　　　　　　　总排口烟尘（颗粒物）排放浓度 CEMS 分析结果

项目名称	江苏 YE 厂	山东 HD 厂	广东 HZ 厂	河北 DZ 厂	浙江 JH 厂	广东 NS 厂	浙江 ZS 厂	山西 YG 厂
烟尘排放浓度（mg/m³）	1.8～5.6	1.9～2.3	0.9～1.7	1.5～5.8	0.9～5.2	1.3～4.2	0.2～3.6	—
≤10mg/m³ 保证率（%）	100	100	100	100	100	100	100	99.4
≤5mg/m³ 保证率（%）	99.7	100	100	99.9	99.9	100	100	98.2

通过表 4-2～表 4-4 的分析得到，仅采用低低温静电除尘器的燃煤机组性能测试结果表明，除尘器出口烟尘（颗粒物）浓度均小于或等于 30mg/m³。下游串联湿法脱硫或湿式电除尘等技术后，烟尘（颗粒物）排放浓度满足《火电厂大气污染物排放标准》（GB 13223—2011），也基本满足超低排放要求。采用超净电袋的广东 SJ 厂性能测试结果表明，除尘器出口烟尘（颗粒物）浓度 3.35～3.70mg/m³、除尘效率大于或等于 99.97%，能满足 GB 13223—2011，也满足超低排放要求。并且实测结果与 CEMS 并网测试结果也基本一致。

三、二氧化硫排放浓度

表 4-5 所示为使用 SPC-3D 高效除尘脱硫一体化的不同负荷下烟尘、二氧化硫及汞的排放浓度。表 4-6 所示为使用双托盘脱硫的二氧化硫、三氧化硫等进口浓度、出口浓度，以及二氧化硫脱除效率。表 4-7 所示为使用海水脱硫的二氧化硫、三氧化硫、汞等进口浓度、出口浓度，以及二氧化硫脱除效率。

表 4-5　　　　　　　　SPC-3D 高效除尘脱硫一体化性能测试结果

项目＼工况	山西 YG 厂		
	100%负荷	75%负荷	50%负荷
烟尘出口浓度（mg/m³）	2.5～3.98	3.01～3.28	2.77
SO_2 出口浓度（mg/m³）	16.4～17.5	14.0～17.5	17.7
Hg 出口浓度（mg/m³）	0.00126～0.00155	0.00049～0.00053	0.00015

表 4-6　　　　　　　　双托盘脱硫性能测试结果

项目	广东 NS 厂				浙江 JH 厂
	SO_2	SO_3	烟尘	Hg	SO_2
进口浓度（mg/m³）	1185.1～2241.3	86.4～183.7	18.3～24.5	—	829.5～1614.3
出口浓度（mg/m³）	9.0～12.2	31.6～76.5	3.0～8.7	$1.18×10^{-3}～6.36×10^{-3}$	7.7～17.0
脱除效率（%）	99.2～99.6	57.1～63.4	52.7～85.7	—	98.9～99.3

表 4-7 海水脱硫性能测试结果

项目	浙江 ZS 厂			
	SO$_2$	SO$_3$	烟尘	Hg
进口浓度（mg/m³）	668～992	3.38～4.31	6.34～7.88	$1.92×10^{-3}～2.15×10^{-3}$
出口浓度（mg/m³）	≤3	2.27～2.29	2.41～3.15	$3.7×10^{-4}～4.5×10^{-4}$
脱除效率（%）	≥99.55	32.1～48.1	50.3～69.4	79.1～80.7

通过表 4-5～表 4-7 的分析得到，采用 SPC-3D（高效旋汇耦合脱硫技术＋高效节能喷淋技术＋离心管束式除尘技术）、双托盘和海水脱硫的性能测试结果表明脱硫出口二氧化硫浓度小于或等于 35mg/m³，二氧化硫排放浓度不仅满足 GB 13223—2011 限值，同时也能够满足超低排放要求。

表 4-8 所示为部分现场测试电厂总排口二氧化硫排放浓度 CEMS 测试结果，以及排放浓度分别不大于 10、5mg/m³ 的保证率。结果表明，连续 3 个月以上在线监测数据表明，二氧化硫小时平均排放浓度 100% 概率满足 GB 13223—2011，大于或等于 99% 概率满足超低排放要求。

表 4-8 总排口二氧化硫排放浓度 CEMS 分析结果

项目名称	山西 YG 厂	广东 NS 厂	浙江 JH 厂		浙江 ZS 厂
技术类型	SPC-3D 脱硫	双托盘脱硫			海水脱硫
SO$_2$ 排放浓度（mg/m³）	0.4～140.8	0.5～41.5	3.8～43.5	4.1～50.0	0.7～27.7
≤50mg/m³ 保证率（%）	—	100	100	100	100
≤35mg/m³ 保证率（%）	99.77	99.95	99.30	99.31	100

四、氮氧化物排放浓度

实测案例采用的脱硝技术基本为低氮燃烧＋SCR 脱硝（2＋1 层或 3 层催化剂），个别机组采取了省煤器旁路等宽负荷脱硝措施，具体见表 4-9。

测试结果表明，氮氧化物排放浓度为 2.05～69.7mg/m³，100% 概率满足 GB 13223—2011，除个别测试频次外基本满足超低排放要求。

表 4-9 低氮燃烧和脱硝性能测试结果

项目	浙江 JH 厂	广东 NS 厂	浙江 ZS 厂	山西 YG 厂	河北 DZ 厂	广东 HZ 厂
一、100% 负荷						
SCR 入口（mg/m³）	267～314	207～305	340.1～341.7	176～216	267.1～299.3	168～294
SCR 出口（mg/m³）	2.05～69.7	16.4～32.8	25.5～39.0	25.7～48.6	33～35	11～56
NO$_x$ 脱除效率（%）	77.0～99.2	87.3～93.4	88.6～92.4	72.4～88.1	86.9～89.0	72.4～87.5
NH$_3$ 逃逸（mg/m³）	0.43～7.24	0.59～4.34	0.70～1.67	0.10～0.14	0.39～0.41	1.47～1.93

（SCR 出口栏广东 HZ 厂：17.8～19.8）

续表

项目	浙江JH厂		广东NS厂	浙江ZS厂	山西YG厂	河北DZ厂	广东HZ厂
二、75%负荷							
SCR入口（mg/m³）	240~291	240~291	263~325.4	158.9~181.1	340.6~367.8	152~252	
SCR出口（mg/m³）	16.4~24.6	18.4~45.8	27.5~29.1	23.3~37.5	30.9~33.7	10~51	12.8~18.5
NO$_x$脱除效率（%）	90~94.4	82.3~93.7	89.6~91.1	76.4~87.1	90.8~91.0	81.1~89.0	
NH$_3$逃逸（mg/m³）	0.43~2.71	0.43~4.50	0.60~2.42	0.08~0.14	0.37~0.49	2.33~2.66	

注　基准氧含量为6%，下同。

表4-10所示为部分现场测试电厂总排口氮氧化物排放浓度CEMS测试结果，以及排放浓度分别不大于10、5mg/m³的保证率。结果表明，连续3个月以上在线监测数据表明，氮氧化物小时平均排放浓度大于或等于99%概率满足GB 13223—2011，大于或等于96%概率满足超低排放要求。

表4-10　　　　　　　　总排口氮氧化物排放浓度CEMS分析结果

项目	浙江JH厂		广东NS厂	浙江ZS厂	山西YG厂	河北DZ厂	广东HZ厂
≤100mg/m³ 保证率（%）	100	100	99.5	100	99.5	—	100
≤50mg/m³ 保证率（%）	96.96	96.84	98.96	99.77	99.31	99.6	99.86

注　DCS/CEMS小时平均浓度记录时间不低于连续3个月，下同。

五、汞及其化合物及其他因子排放浓度

（一）汞及其化合物测试结果

脱硫出口的性能测试结果表明，Hg及其化合物排放浓度在10⁻³~10⁻⁴mg/m³，远小于GB 13223—2011中0.3mg/m³的限值要求。

（二）其他因子测试结果

湿式电除尘器入口、出口性能测试结果表明，三氧化硫浓度分别为0.509~67.1、0.101~4.2mg/m³。由于燃煤电厂三氧化硫排放与煤质、燃烧过程、脱硝过程中催化氧化等多种因素有关，并且没有排放标准约束，所以目前燃煤电厂三氧化硫排放不稳定。三氧化硫排放问题不可忽视，某些电厂脱硫系统下游如不采取进一步净化措施，脱除二氧化硫的贡献可能会部分被三氧化硫的排放所抵消。

SCR脱硝出口性能测试结果表明，NH$_3$逃逸浓度为0.08~7.24mg/m³，某些厂为尽可能降低氮氧化物浓度而过量喷入NH$_3$，不满足《火电厂烟气脱硝工程技术规范　选择性催化还原法》（HJ 562—2010）中NH$_3$逃逸浓度小于或等于2.5mg/m³的规定。

六、CEMS 误差分析

浙江 ZS 厂性能测试时同步采集 CEMS 数据，比对结果表明在线监测系统数据精度较好，远小于《固定污染源烟气排放连续监测技术规范》（HJ/T 75—2007）的误差要求。

手工监测与 CEMS 比对结果具体见表 4-11。

表 4-11　　　　　　　　手工监测与 CEMS 比对结果

位置	比对项目	测试结果	比对标准	比对结果
总排口	SO_2 浓度	绝对误差平均值 2.10mg/m³ 参比法绝对误差＜1μmol/mol	浓度≤20μmol/mol 时，绝对误差不超过±6μmol/mol	满足
	NO_x 浓度	绝对误差平均值 0.22mg/m³ 参比法绝对误差＜1μmol/mol		满足
	烟尘浓度	绝对误差平均值 0.64mg/m³	浓度≤50mg/m³ 时，绝对误差不超过±15mg/m³	满足

七、小结

一定周期内的运行结果表明，2017 年前新建及改造的超低排放煤电机组烟尘（颗粒物）、二氧化硫、氮氧化物总体上能满足超低排放要求，但长期经济性、设备可靠性还需要时间检验。

第二节　2017 年后燃煤电厂超低排放选择性稳定性评估

由于 2017 年后我国燃煤电厂超低排放从东部地区到中部地区再到西部地区大面积开展，所以需要选择合适的、有代表性的、能够覆盖所有装机等级的采样数量。根据分层抽样方法，选择我国中部地区某省已实现超低排放的 139 台燃煤机组 2017 年全年在线监测数据进行稳定性评估，对烟尘、二氧化硫、氮氧化物小时浓度符合超低限值的时间比率（符合率）、月均浓度值、单位电量排放绩效情况进行了统计分析，研究超低排放燃煤电厂大气污染物在线数据连续排放特征。

一、数据收集与统计指标

获取了中部地区某省已实现超低排放的 139 台燃煤机组（总装机容量 56880MW）2017 年连续 12 个月的三种常规大气污染物（烟尘、二氧化硫、氮氧化物）在线监测小时平均浓度数据（数据量约 83.29 万个）、月度污染物排放量和月度发电量统计数据（数据量为 1355 个）。该省煤电装机总量位于全国前列，2016 年底所有统调电厂已基本完成超低排放改造任务。本章节中所获取的在线监测排放浓度数据不包含停机和点火阶段的数据，只包含机组正常运行期间（即并网至解列期间）连续排放监测系统（CEMS）输出的小时平均浓度数据。

选择小时浓度符合率、月均浓度、月均绩效三个指标来定量分析超低燃煤机组在线数据排放特征，具体理由为：2015 年 12 月 5 日国家发展改革委、环境保护部、国家能源局发布的《关于实行燃煤电厂超低排放电价支持政策有关问题的通知》（发改价格〔2015〕2835 号）中采用小时浓度符合超低限值的时间比率（以下简称"小时浓度符合率"）作为电价补贴考核基准。具体超低电价补贴规则如下：对符合超低限值的时间比率达到或高于 99％的机组，该季度加价电量按其上网电量的 100％执行；对符合超低限值的时间比率低于 99％但达到或超过 80％的机组，该季度加价电量按其上网电量乘以符合超低限值的时间比率扣减 10％的比例计算；对符合超低限值的时间比率低于 80％的机组，该季度不享受电价加价政策。其中，烟尘、二氧化硫、氮氧化物排放中有一项不符合超低排放标准的，即视为该时段不符合超低排放标准。

鉴于此，本书选择小时浓度符合率作为指标，统计不同时间尺度内（月度、年度、季度）不同符合率下（大于或等于 99％、大于或等于 80％）机组占比情况，研究超低燃煤电厂大气污染物小时浓度排放特征。小时浓度符合率指在一定时间段内（月、季、年）机组排放的污染物小时平均浓度符合超低限值的时间比率（$\eta_{i,j}$），按式（4-1）计算，不同符合率下机组占比（$M_{j,p}$）按式（4-2）、式（4-3）计算，即

$$\eta_{i,j} = \frac{t_{i,j}}{T_i} \tag{4-1}$$

$$N_{i,j} = \begin{cases} 0 & \text{当 } \eta_{i,j} < p \\ 1 & \text{当 } \eta_{i,j} \geqslant p \end{cases} \tag{4-2}$$

$$M_{j,p} = \frac{\sum_{i=1}^{a} N_{i,j}}{a} \tag{4-3}$$

式中　$t_{i,j}$——机组 i 污染物 j 小时平均浓度符合限值要求的小时数，h；

T_i——机组 i 总运行小时数，h；

$N_{i,j}$——某 i 机组排放的污染物 j 小时浓度均值符合率是否符合 p 值要求的判定结果；

$\eta_{i,j}$——某 i 机组排放的污染物 j 小时浓度平均值符合限值要求的时间比率；

p——某固定的符合率值，为常数；

$M_{j,p}$——共 a 台机组中污染物 j 小时浓度符合率大于或等于 p 值要求的机组数量占比；

a——统计的机组数量，台。

欧盟排放指令《Directive on industrial emissions (integrated pollution prevention and control》(2010/75/EU) 中火电厂大气污染物在线监测数据达标评判依据为日历月均浓度值是否符合标准限值要求，因此，选择月均浓度值统计指标研究我国超低排放机组大气污染物月均浓度排放特征。即将该月某 i 机组某 j 污染物排放的小时浓度值逐小时相加取算术平均值获得日均值，然后再将日均值逐日相加取算术平均值获得月均值。

美国排放标准《Standards of Performance for Electric Utility Steam Generating Units》(CFR40-Part60-subpartDa) 中火电厂大气污染物排放达标评判依据为单位发电量污染物排放量（以下简称"排放绩效"）30 天滚动平均值是否符合限值要求。鉴于此还选择了月均排放绩效值研究我国超低排放机组的排放特征，即由当月某 i 机组某 j 污染物排放总量除以该机组总发电量获得。

二、小时浓度排放稳定性及排放特征分析

（一）三种污染物同时符合超低排放限值的时间比率

按照超低排放限值要求（烟尘、二氧化硫、氮氧化物排放浓度分别不高于 10、35、50mg/m³)，对 139 台实现超低排放的燃煤机组连续 12 个月在线监测系统获取的小时浓度数据，根据超低排放电价补贴政策，以三种污染物同时均符合超低限值要求为判别依据，按月统计 1～12 月不同符合率下机组占比情况如图 4-1 所示。

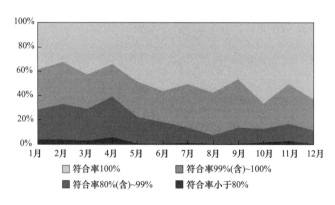

图 4-1　按月统计不同符合率下机组占比情况

注：图中符合率指三种污染物同时符合超低限值的时间比率。

按季度统计不同符合率下机组占比情况如表 4-12 所示。表 4-12 中的统计结果显示，2017 年 4 个季度中三种污染物同时符合超低限值的时间比率达到或超过 80% 的机组占比均超过了 98.5%，可见绝大部分的超低排放改造机组符合国家超低排放电价补贴政策。

表 4-12　　　　　　　　　　　按季度统计不同符合率下机组占比情况

符合率（%）	第 1 季度占比	第 2 季度占比	第 3 季度占比	第 4 季度占比
100	11.3%	22.0%	20.1%	29.9%
99（含）～100	55.6%	43.3%	67.9%	52.2%
80（含）～90	31.6%	33.9%	10.4%	16.4%
<80	1.5%	0.8%	1.5%	1.5%
合计	100.0%	100.0%	100.0%	100.0%

注　表中符合率指三种污染物同时符合超低限值的时间比率。

图 4-1 和表 4-12 所示的统计结果显示，2017 年该省超低排放机组中三种污染物同时符合超低限值的时间比率达到或超过 99% 的机组占比情况下半年明显高于上半年，第 3、4 季度符合率达到或超过 99% 的机组占比超过了 80%，第 1、2 季度符合要求的机组占比仅约 65%。可见，为了按照"发改价格〔2015〕2835 号"文件制定的电价补贴规则获得最大补贴，随着运行经验的累积，超低排放机组运行和管理的水平在逐渐提高，目前 80% 以上的机组可以全额享受超低排放电价补贴。

（二）单项污染物符合超低排放限值的时间比率

为进一步分析每种污染物的小时浓度排放特征，按照超低排放限值要求（烟尘、SO_2、NO_x 排放浓度分别不高于 10、35、50mg/m³），对每种污染物分别按月度、季度、年度不同时间尺度进行小时浓度符合率统计，三种污染物各自不同符合率下机组占比情况如图 4-2 和表 4-13 所示。

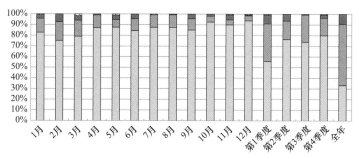

PM

图 4-2　不同小时浓度符合率下机组占比情况（一）

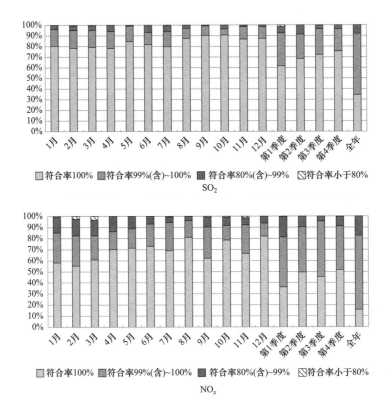

图4-2 不同小时浓度符合率下机组占比情况（二）

表4-13   月均浓度统计结果 mg/m^3

指标		PM	二氧化硫	氮氧化物
平均值		2.7	17	31
10百分位数～90百分位数		1.4～3.7	10～24	20～40
四分位数	较小四分位数	1.9	13	25
	中位数	2.4	17	32
	较大四分位数	3.1	20	36

（1）符合率随着统计时间长短有所变化。图4-2所示统计结果显示，随着统计时间尺度变长（从按月统计、按季度统计到按年统计），符合率达到100%的机组占比越来越少，但符合率达到99%（含）以上、98%（含）以上的机组所占比例差异性不大。

以污染物指标烟尘为例，按月统计符合率达到100%的机组占比为75%～94%，而按季度统计机组占比仅为56%～80%，按年统计占比仅为33%；按月统计符合率达到98%（含）以上的机组占比为93%～100%，按季度统计机组占比为93%～99%，按年统计占比为96%，差异性不大。

可见，燃煤机组在短期内可以实现污染物排放小时浓度100％符合超低限值，但随着统计时间段加长，100％符合的可能性越来越小，这是因为燃煤电厂大气污染物的排放浓度与煤质、负荷变化息息相关，减排设施也不可避免会出现一定的运行波动。

（2）不同污染物之间符合率存在差异。图4-2所示统计结果显示，从不同污染物的符合率来看，超低排放机组氮氧化物符合率明显小于PM和二氧化硫。

按月统计，三种污染物中氮氧化物符合超低限值的时间比率达到99％及以上的机组占比55.4％～82.0％，而PM、二氧化硫符合超低限值的时间比率达到100％的机组占比为75％～94％、78％～91％。

按季度统计，三种污染物中氮氧化物符合超低排放限值的时间比率达到100％的机组占比36％～52％，烟尘、二氧化硫符合率达到100％的机组占比分别为56％～80％、62％～76％。

按年统计，三种污染物中氮氧化物符合超低排放限值的时间比率达到100％的机组占比最少，仅为16％，而烟尘为33％，二氧化硫为35％。

这主要是由于燃煤电厂氮氧化物排放在启动、停机阶段以及低负荷运行阶段因烟气温度达不到SCR催化剂运行温度，所以排放浓度容易超过超低限值要求。

三、月均浓度排放稳定性及排放特征分析

通过对139台超低排放机组全年12个月大气污染物排放浓度月均值进行统计，统计结果见表4-13，三种污染物月均浓度频度分布情况见图4-3。

统计结果显示，该省超低排放机组烟尘排放浓度月均值主要分布在1.4～3.7mg/m³之间，平均值为2.7mg/m³；二氧化硫月均值主要分布在10～24mg/m³之间，平均值为17mg/m³；氮氧化物月均值主要分布在20～40mg/m³之间，平均值为31mg/m³。

欧盟排放指令《Directive on industrial emissions（integrated pollution prevention and control）》（2010/75/EU）中限值要求为日历月均浓度值，其中烟尘、二氧化硫、氮氧化物最严排放限值（适用于300MW以上新建机组）分别为10、150、150mg/m³。本章节中139台超低机组12个月烟尘、二氧化硫、氮氧化物排放中90％的月平均浓度值不超过3.7、24、40mg/m³，仅为欧盟最严标准的37％、16％、27％；50％的月平均排放浓度不超过2.4、17、32mg/m³，分别为我国超低排放浓度限值的24％、48％、64％。

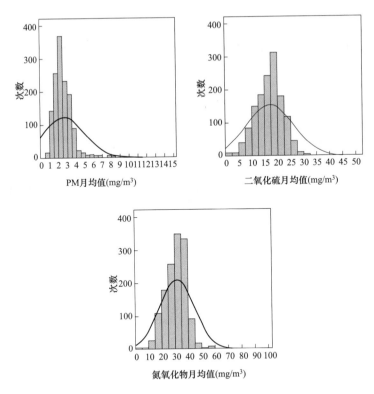

图 4-3　大气污染物月均值频次分布图

四、月均绩效排放特征分析

本章节中 139 台机组 2017 年 12 个月三种污染物平均排放绩效统计结果见表 4-14，三种污染物月均浓度频度分布情况见图 4-4。统计结果显示，该省 139 台机组烟尘月平均排放绩效主要分布在 0.005～0.014g/kWh 之间，平均值为 0.010g/kWh；二氧化硫月平均排放绩效主要分布在 0.03～0.09g/kWh 之间，平均值为 0.06g/kWh；氮氧化物月平均排放绩效主要分布在 0.07～0.16g/kWh 之间，平均值为 0.12g/kWh。

美国排放标准《Standards of Performance for Electric Utility Steam Generating Units》（CFR40-Part60-subpartDa）中限值要求为 30 天滚动平均值，以单位发电量的污染物排放绩效表示，其中最严排放限值（适用于 2011 年 5 月 3 日以后新、扩建机组）为烟尘 0.09b/MWh、二氧化硫 1.0b/MWh、氮氧化物 0.7b/MWh（转化后分别为 0.04g/kWh、0.45g/kWh、0.32g/kWh）。该省 139 台超低排放机组 12 个月烟尘、二氧化硫、氮氧化物排放中 90％ 的月平均绩效不超过 0.014g/kWh、

0.091g/kWh、0.157g/kWh，仅为美国最严标准的 35％、20％、49％。

表 4-14	月均绩效统计结果（单位：g/kWh）		
指标	PM	SO₂	NOₓ
平均值	0.010	0.064	0.118
10 百分位数～90 百分位数	0.005～0.014	0.033～0.091	0.071～0.157
四分位数 — 较小四分位数	0.007	0.049	0.092
四分位数 — 中位数	0.009	0.064	0.117
四分位数 — 较大四分位数	0.012	0.079	0.138

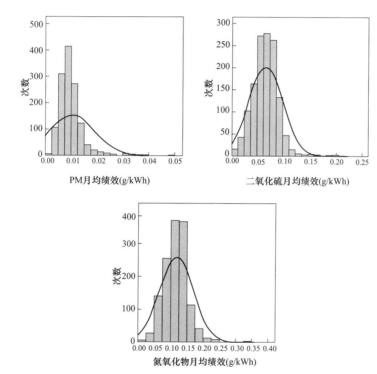

图 4-4　月均绩效值频次分布图

五、小结

通过对中部某省份 139 台超低排放燃煤机组 2017 年全年 12 个月连续在线监测排放数据统计分析结果显示：

（1）不同污染物之间小时浓度符合超低限值的时间比率存在差异。氮氧化物在启动、停机阶段以及低负荷阶段因烟气温度达不到 SCR 催化剂运行温度而易产生排放浓度高的现象，故氮氧化物排放小时浓度符合超低限值的时间比率普遍低于烟尘和二氧化硫。

（2）随着统计时间段加长，燃煤电厂大气污染物在线监测数据100％符合超低限值的概率逐渐降低，但符合率达到98％及以上的机组占比情况相对稳定（均在90％以上）。

（3）从全年来看，下半年三种污染物同时均符合超低限值的概率明显高于上半年，可见随着超低电价补贴政策的实施，该省燃煤电厂超低排放技术可靠性和运行管理水平得到明显提高。

（4）139台超低燃煤机组全年12个月中90％的烟尘、二氧化硫、氮氧化物排放浓度月均值不超过3.7、24、40mg/m³，为欧盟最严标准限值的37％、16％、27％。

（5）139台超低燃煤机组全年12个月中90％的烟尘、二氧化硫、氮氧化物排放绩效月均值不超过0.014、0.091、0.157g/kWh，仅为美国最严标准的35％、20％、49％。

可见，随着我国超低排放专项行动的实施，我国执行超低排放的燃煤电厂大气污染物排放水平、超低排放污染治理技术运行可靠性和稳定性均已处于世界领先水平。

第五章

燃煤电厂超低排放相关的环境影响评价问题

实施超低排放能够大幅度降低火电厂的大气污染物排放总量，然而由于其发展历程太快，也对此类火电项目的环境影响评价工作带来了不同程度的难点和问题。在环境影响评价实践中突显出的这些实际问题，便会对火电厂环境影响评价提出了新要求。因此，超低排放的燃煤发电项目环境影响评价需要针对这一重要变化进一步优化完善，真正发挥其源头准入和源头监管的作用。所以，如何结合工作实践，进一步从评价标准、评价等级、评价范围、污染治理技术路线、环境效益核算、总量控制、环境质量改善等角度，对超低排放燃煤发电项目环境影响评价中需要关注的一些问题和难点进行分析并提出相关建议，对燃煤电厂超低排放的科学发展有很大实际应用价值。

第一节 政策与管理方面

一、超低排放限值尚缺乏法律效力

《火电厂大气污染物排放标准》（GB 13223—2011）为国家正式颁布的、现行有效的火电厂大气污染物排放标准，为强制执行标准，具有法律效力。然而，该标准并未涉及超低排放的概念，也无相应的排放限值数据。

为了在火电环评中对项目提出执行超低排放限值的要求，目前在环评实践工作中常见的做法有两种。一种是以《煤电节能减排升级与改造行动计划（2014～2020年)》，或各省市自行发布的超低排放有关行动计划和工作方案等作为依据，但这些文件提出的超低排放限值要求均属于行政管理手段，法律效力上有所欠缺。另一种是在评价标准上仍执行 GB 13223—2011 中的相关要求，但在污染治理措施、排放浓度和排放量核算上按照超低排放要求执行，既可以视作一种电力企业的"自我加压"行为，同时也可以充分体现电力企业自身的社会责任。这样，既不与现行标准的法律效力相抵触，又能使实际排放比"达标"效果更优。然而，这种方式在无形中却又放松了对企业的环保行政管理约束力，会认为企业都已经超低排放了，就可以降低行政监管的力度，同时一定程度上还可能造成竣工环保验收和日常运行期达标监管工作的标准模糊。

二、绩效总量与超低排放下实际排放总量差异明显

主要污染物排放总量指标是建设项目环评审批的前置条件，火电项目的总量数据依据《建设项目主要污染物排放总量指标审核及管理暂行办法》进行计算，主要取决于装机容量、平均发电小时数及绩效排放值系数。该办法计算的总量数据与执行超低排放时的实际排放总量差异较大，本书选取典型机组规模分别计算后进行比较，见表 5-1。

表 5-1　典型机组规模的绩效总量与执行超低排放时的实际排放总量计算结果比较

项目		西部地区某 2×1000MW 机组	东部地区某 2×1000MW 机组	中部地区某 2×660MW 机组	东部地区某 2×660MW 机组	中部地区某 2×350MW 机组	西部地区某 2×350MW 机组
绩效总量（吨/年）	二氧化硫	1925	1925	2774	1271	1542	779
	氮氧化物	3850	3850	2774	2541	1542	1558
执行超低排放时的实际排放总量[①]（吨/年）	二氧化硫	1224.9	1082.8	736.0	740.3	430.8	412.9
	氮氧化物	1777.5	1612.0	1129.5	1126.9	634.8	625.2
	烟尘	332.46	294.18	165.0	199.4	104.9	106.2
实际排放总量占绩效总量的比例（吨/年）	二氧化硫	64%	56%	27%	58%	28%	53%
	氮氧化物	46%	42%	41%	44%	41%	40%
备注		重点控制区纯凝机组	重点控制区纯凝机组	非重点控制区供热机组	重点控制区纯凝机组	非重点控制区供热机组	重点控制区供热机组

① 按设计煤种考虑，年运行时间为 5500h。

由表 5-1 可见，执行超低排放后，氮氧化物实际排放总量一般仅占绩效总量的 40%～45% 左右，二氧化硫绩效排放值系数因项目是否位于重点控制区而相差一倍，故其占比变化幅度较大，约在 30%～60%。对建设单位而言，以现行绩效总量为基

础在总量指标来源和平衡方案制定上压力较大；对管理部门而言，以浓度和总量"双达标"对电厂进行日常考核管理，但由于实际排放总量和绩效总量差异较大，使得浓度控制的实际效力更大，而绩效总量控制数据较宽松。

三、环境空气影响预测有关基础研究有待加强

燃煤电厂实施超低排放后，大气污染物最终排放浓度很低。因此，大气环境影响预测对于大气污染物排放源强、污染物产生和迁移转化原理、各项污染治理措施的去除效率及协同治理效率等基本参数，以及预测计算模型自身精度的要求都将更高。

（1）现行《环境影响评价技术导则 大气环境》（HJ 2.2—2018）在确定评价等级和评价范围时并未完全考虑污染物的二次转化问题。以 $PM_{2.5}$ 为例，二氧化硫和氮氧化物是 $PM_{2.5}$ 的重要前体物，在大气中发生化学反应生成二次颗粒物，与直接排放的一次颗粒物一同成为大气中 $PM_{2.5}$ 的最主要来源，然而在以其作为主要污染物进行评价等级和评价范围时，仅以直接排放速率作为计算参数，这可能导致 $D_{10\%}$ 计算结果较实际情况偏小。

（2）燃煤电厂超低排放技术路线不是单元设备之间的简单串联，而是对污染物的协同处理的系统流程。在此过程中，不同处理单元可能对某种污染物都具有去除作用，也存在对该类大气污染物脱除过程中产生新的污染物现象。例如，湿法脱硫系统对烟尘具有洗涤作用，同时也可能带来"石膏雨"的问题，因此需要从洗涤效果、除雾器效率等方面综合考虑该处理单元对于最终出口烟尘浓度的影响，尤其是在超低排放条件下，进入脱硫系统的烟气中烟尘浓度已较低，液滴携带石膏尘反而可能导致出口烟尘浓度提高。

四、超低排放技术亟需系统科学评估

当前我国煤电超低排放工作已经全面开展，技术路线也在具体实践提炼基础上形成的《火电厂污染防治可行技术指南》（HJ 2301—2017）中进行明确。由于我国煤电超低排放发展迅速，所以亟需建立一套针对技术路线选择、性能测试、竣工验收、减排效果评估、环境质量评估等全面的科学评价或评估体系，以及影响选择最佳性价比的超低排放技术路线的因素、超低排放系统的经济性问题、安全可靠性问题、性能稳定性问题等。这些系列问题均需要在采用一个科学的评估体系基础上进一步客观地进行评估。

第二节　技术与预测方面

一、排放量下降造成评价等级降低和评价范围缩小后带来的问题

根据《环境影响评价技术导则 大气环境》（HJ/T 2.2—2018）的要求，大气环境影响评价应选择推荐模式中的估算模式对评价工作进行分级。估算模式中需输入的主要参数包括：污染物排放速率、烟囱高度和出口内径、烟气量、烟气温度、环境温度和气压、环境空气质量标准，以及地表特征等。对于特定火电项目而言，工程设计参数、煤质、环境条件相对确定，污染物排放速率是影响评价等级和评价范围确定的最主要因素，而污染物排放速率很大程度上取决于允许的污染物排放浓度限值。

李明君等学者对典型机组规模、排放浓度限值、烟气温度、环境温度、地理位置等因素的 96 种工况设计组合进行了计算。根据其计算结果分析，当排放控制要求由特别排放限值提高为超低排放要求后，有 16 种工况下的评价等级由二级降低为三级，所有工况的评价范围均明显减小，评价范围半径的降幅在 20%～75% 左右。由此可见，煤电超低排放对火电项目大气环境影响评价等级和评价范围的确定有重要影响，会造成评价范围的缩小，甚至评价等级的降低。这种变化是符合污染物排放量较少、环境影响较小的建设项目所需要的评价等级较低、评价范围较小这一基本思路的，然而，这种缩小和降低会给实际评价工作带来一系列的问题。

（1）当估算模式判定大气环境影响评价等级为三级时，依据导则可不进行大气环境影响预测，以估算模式计算结果作为预测结果。但该做法在现阶段明显不符合电厂项目需要深入评价大气环境影响的一般认识，也无法体现各类关停替代的减排环境效益。

（2）评价范围缩小不利于大气环境质量现状监测点位的优化布置。执行超低排放要求后，计算得到的污染物地面浓度占标准限值 10% 时所对应的最远距离（$D_{10\%}$）一般小于 2.5km，根据导则要求，评价范围边长一般都取 5km。此时，在一个相对较小的范围内选择的至少 6 个监测点位的代表性较难保证。更重要的是，监测点布设较密集不利于反映项目所在区域整体的大气环境质量背景水平，某种程度上反而削弱了开展现状监测的意义。

（3）评价范围缩小可能导致对大气环境影响敏感设施识别的缺漏。以河南某 2×350MW 机组按超低排放要求开展的变更环境影响评价为例，$D_{10\%}$ 计算结果为

1.5km，评价范围取以烟囱为中心、5km×5km 的矩形，其厂界外约 4.5km 处即为一处世界文化遗产、国家 5A 级景区，从理论而言不在评价范围内，而对该景区的大气环境影响正是此项目新建阶段原环评审查时对项目可行性争论的焦点之一。

（4）预测结果高值区域可能位于评价范围外或浓度等值线包络不完整，导致未能全面体现电厂对外部大气环境的影响。出现这种情况的主要原因是由于电厂通常利用烟囱进行高空排放，受大气扩散条件影响，污染物最大落地浓度一般不在厂址附近。

二、在环评中对污染治理技术路线可靠性进行充分论证的难度较大

项目选择的烟气超低排放技术路线能否长期稳定达到该限值要求，对于能否落实区域削减、总量控制和真正实现环境改善效益均具有重要意义，是其环境可行性论证的重要环节。由于当前技术路线种类和组合变化较多，亟需环境保护部对其实施效果进行统一论证，而不是在环评中对此做出充分的论证比选。然而，若要在环评中对此做出充分的论证比选，实际难度较大，尤其是在《火电厂污染防治可行技术指南》（HJ 2301—2017）发布之前。

（1）超低排放实施时间尚较短，自 2014 年 6 月国内首台超低排放机组投运至今仅五年多，一方面长期稳定运行情况仍有待实践检验，缺乏系统的、权威的实际运行数据对治理措施的效果进行实证；另一方面目前超低排放技术路线种类和组合变化较多，与上一轮 GB 13223—2011 重点地区特别排放限值以及一般地区的排放标准之间衔接不流畅，容易引起类似"十五""十一五"期间脱硫系统不断改造造成重复建设浪费的情况。同时，对具体工程而言，超低排放技术路线的最终实施效果与煤源煤质、锅炉选型、地域和环境条件、经济性等因素均有密切关系，在采用类似工程案例进行类比论证时也需要仔细分析这些可比性的前提条件。

（2）环评单位不具备独立对污染治理措施进行比选的技术能力。不同技术路线之间各有优势和弊端，受环评审批机关的认识导向、技术供应厂商间的竞争博弈、发电企业的技术创新需求、经济成本控制等因素影响，以及专业技术背景和信息资料来源等因素的限制，环评单位难以独立、客观地对具体工程采用不同技术路线的整体环保效果进行优化比选，通常只是对设计单位提供的既定方案进行去除效率是否可达的论证。

（3）缺乏系统的可行治理技术资料库。目前超低排放技术的推广评估体系和机制尚未完全建立和出台，对技术路线中各环节的相互影响与协同作用及其对最终排放浓度影响的研究也还不够深入。2011 年 5 月，环境保护部环境工程评估中心在北

京主持召开燃煤火电项目大气污染控制措施研讨会，在此次研讨论证的基础上，环境保护部于 2011 年 8 月首次批复了广州珠江电厂 1 台 100 万 kW "上大压小"扩建工程采用石灰石-石膏湿法脱硫技术并通过相应工程措施可以实现脱硫效率 97%、满足二氧化硫排放小于 50mg/m³ 的限值要求。然而，这样的论证工作不是单个环评单位能够独立完成的，且在超低排放广泛开展、各种技术路线不断发展创新的今天，在环评过程中对每种技术进行这样的专门论证从时间、人力、物力上都是不现实的。

因此，从国家环境保护主管部门层面，出台系统、科学、统一的评估方法和体系是非常必要的。

（4）从已批复环评的在建项目看，实际建设的污染治理设施较环评批复方案发生变更的情况较多。一方面，由于技术的不断发展和更新，治理效果和经济性更好的方案自然得到电厂认可，但行政审批机关难以界定其是否属于"导致废气排放浓度（排放量）增加或环境风险增大"的重大变动（环办〔2015〕52 号文），往往需要对其进行再次技术论证。另一方面，现实中确实存在前期工作阶段为尽快取得环评批复而采用管理部门和审批机关认可程度更高的技术路线，实际建设时又发生变更。上述问题在烟尘控制技术路线的选择上表现尤为明显，例如湿式电除尘器一度几乎成为实现烟尘超低排放的"标配"，在可研设计阶段的技术路线中大量采用，实际建设施工中却又不再实施。

三、单个电厂实施超低排放对环境质量改善效果不明显

随着当前环境管理思路、环境目标要求的转变，环境管理部门和技术评估机构对于大气环境影响预测结果的关注点由"达标"这一基本要求向着"环境改善"的目标不断深化，其主要原因有以下三个方面。第一，从环保政策层面，由单一的减排控制、总量控制向污染物总量控制和环境改善"双目标"的转变。第二，从环评审批原则出发，近年来许多地区均存在 PM_{10}、$PM_{2.5}$ 超标现象，不具备新建项目的环境容量，必须能够实现环境改善效益才具备项目建设的环境可行性前提条件。第三，从预测结果角度，实施超低排放的火电项目烟气污染物落地浓度预测值较小，相对于区域环境空气质量背景值的占比较低，一般不会出现因叠加预测贡献值而造成环境质量超标的现象。因而，需要从一个更有效的角度来衡量项目污染物排放和治理效果对周边环境的影响。

目前，核算环境改善效益的一般做法是，选取若干个预测关心点，以其环境质量现状监测结果为基础，叠加拟建工程对各关心点导致的最大地面浓度贡献值，扣

减所有拟关停替代工程对各关心点的贡献值，即得出关停替代后各关心点的环境空气质量预测结果。该思路在理论上是合理的，但在实际计算过程中，受关心点与拟建工程和关停替代工程地理位置分布、现状监测结果代表性、关停替代工程排污数据完整性等因素的影响，环境效益计算结果有时并不明显。更为关键的是，虽然单个工程实施超低排放带来的污染物总量减排效果是较为明显的，但其对于所在区域整体环境空气质量的改善作用却并不十分明显，即某项目实施超低排放后的污染物排放总量明显低于仅执行 GB 13223—2011 时的排放量，但反映在区域环境空气质量上，预测结果占标率差异不大，环境改善效益并不明显。

因此，从环境主管部门来看，一方面批准项目需要以能够实现明显的环境改善效益为前提，另一方面仅仅是燃煤发电企业实施超低排放虽然能够降低其污染物排放量，但对区域整体环境质量改善的贡献是有限的。所以，尽管燃煤发电企业实施超低排放对区域环境空气质量改善具有积极作用，但要实现超标现象的彻底扭转，需要的还是全社会、全行业协同减排。

四、单个电厂实施超低排放后能耗有所增加

超低环保改造主要是对现有环保设施的扩容或新增环保装置，存在环保设施的能耗、物耗增加的问题。也就是对单个电厂而言，在实现了减排的同时，并没有实现节能，相反能耗会有所增加。

能耗增加主要表现在以下方面：①脱硝催化剂和还原剂的用量增加，稀释风等辅助系统能耗均有一定程度增加。②脱硫循环浆液量增大、塔体扩容，电耗增加明显，脱硫剂、氧化风等均略有增加。③增加了湿式电除尘器等新装置，电耗增加，部分技术会增加碱液等物耗。④改造后烟风系统阻力增加，引风机能耗增加明显。

例如陕西某电厂在超低排放改造前后，污染物控制环保设施的物耗和能耗增加，主要包括脱硫系统的石灰石和水的消耗量及电耗、SCR 系统的液氨耗量及电耗，以及静电除尘器的能耗等。该电厂 2014 年污染物控制环保设施总的煤耗为 $17.07g/kWh$，2015 年为 $17.86g/kWh$，超低排放改造后为 $18.28g/kWh$，相比而言，煤耗增加了 $1g/kWh$ 左右。

🏭 第三节 相关政策与建议

燃煤电厂全面实施超低排放这一发展战略是实现经济发展、节能减排、环境改

善的重要举措，同时也能够对其余行业减排提供很强的示范效应。环境影响评价是燃煤电厂前期工作的关键环节之一，既要结合地方资源环境特征对项目环境可行性进行合理论证，又要紧跟形势积极开展相关研究，优化评价内容和重点，不断提高评价结论的可信度，为实施超低排放战略和探索绿色煤电发展道路发挥应有的作用。

（1）加快推进超低排放标准的法制化建设，一方面现阶段可优先鼓励地方政府根据实际情况制定严于 GB 13223—2011 的超低排放地方标准；另一方面需要在对超低排放客观评估的基础上，结合各地区环境承载能力、污染物排放现状和经济社会生态发展目标，适时对 GB 13223—2011 进行修订，确定合适的控制指标、排放限值，优化考核工况规定。

（2）具体工作中应从项目实际情况出发，根据《环境影响评价技术导则 大气环境》（HJ/T 2.2—2018）相关条款对评价等级进行调整，更新相关评估要点。例如，评价范围内主要评价因子的环境质量已接近或超过环境质量标准时评价等级一般不低于二级；当评价范围外一定距离仍存在对大气环境影响敏感的区域时，可将其定位为关心点，适当扩大大气环境影响预测范围，有利于全面体现电厂对外部大气环境的影响。

（3）开展超低排放烟气污染控制技术的环保跟踪评价，从工程实践中总结经验、发现问题，对不同技术路线的可行性、稳定性和经济合理性进行综合评价。目前《火电厂污染防治可行技术指南》（HJ 2301—2017）已经发布，成为燃煤电厂超低排放统一的技术指南，但是需要进一步出台完整系统的燃煤电厂超低排放评估体系和评估方法。在环评阶段，对于指南中的技术路线可以不需要做过多的论证。同时及时将这些研究和评估成果运用到环评工作实践中，指导技术路线论证、预测参数合理选取等。

（4）开展绩效排放值系数的调整更新研究，以便绩效排放总量能够反映电力企业在污染物排放强度和发电环境效率上的实际水平，促进总量指标的合理利用和实现增产减污，并能够进一步为排污许可提供科学的技术支撑。

（5）进一步加强大气环境影响预测有关基础研究，如污染物迁移和转化的基本原理、不同治理单元组合时的相互影响与协同作用等，提高预测计算中重要基础数据的取值可靠性，以便解决超低排放下火电环评的诸多不确定性。

（6）由于燃煤电厂超低排放浓度很低，所以对环保设施治理效率、预测模式计算的精度要求就会更高。因此，就需要更准确地确定各种协同治理措施的效率，例如湿法脱硫的洗涤作用、除雾器去除液滴携带量对最终出口烟囱浓度的影响等，这些需要尽快研究得出结论,以便解决超低排放下火电环评的诸多不确定性。

（7）由于环保设施运行水平参差不齐,通过优化循环泵组合方式、电源运行方式等具有一定的节能降耗空间。部分电厂的环保装置可用采用更高效节能的工艺或装备,减少物耗能耗。所以,在考虑经济投入的增加以及运行成本上升等问题的同时,应统筹考虑超低排放改造后的环境效益,因地制宜、因炉制宜,以环境改善为目标,避免环境效益差、经济代价大、能源消耗高、二次污染多的超低排放改造。

（8）煤电行业实施超低排放对环境质量改善有积极作用,但相对于尚未彻底治理的高污染行业,其贡献是有限的。因此,既需要煤电行业超低排放法制化,也需要全社会、全行业协同减排。从超低排放与环境效益的关系而言,要使得燃煤电厂超低排放的环境正效益真正体现出来,还需要全社会、全行业的协同减排,需要以燃煤电厂超低排放为目标,鼓励有条件的行业从达标排放向超低排放逐步过渡,甚至是更多行业需要"超低排放",才能真正实现环境质量的改善。

第六章

燃煤电厂超低排放相关的除尘实践问题

《火电厂大气污染排放标准》（GB 13223—2011）发布前后，关于烟尘能否达到特别排放限值被认为是三大污染物中最难的，事实上相比而言，烟尘达到特别排放限值在那个年代不确定性因素与可达性确实也是最存疑的。但是标准是推动技术与产业发展的关键因素之一，从标准出台到烟尘超低排放实施仅用了 3～4 年时间，从烟尘超低排放到发展成熟也仅用了 4～5 年时间。经过时间与实践的共同证明，我国燃煤发电行业包括烟尘在内的超低排放是成功的。当然，对于烟尘的超低排放而言，成功一定是主流的，虽然过程中也伴随着一些问题。本章主要是分析烟尘超低排放过程中存在的共性问题，以及对应的对策措施。

第一节　超低排放改造除尘技术路线选择问题

在超低排放改造除尘技术常采用低低温电除尘、超净电袋复合除尘、布袋除尘、旋转电极、先进供电电源（包括高频、脉冲、三相等）的高效电除尘等技术，必要时在脱硫装置后增设湿式电除尘。

一、问题及原因分析

（1）采用旋转电极改造。旋转电极的设备结构相对复杂，存在钢刷磨损，旋转部件发生机械故障时无法进行在线检修；由于设计选型没有统一标准，所以选型时可能出现偏差。

（2）采用高效电源改造。开展高效电源改造时需事先考虑燃用煤质、电场比收尘面积及电除尘器本体设备是否良好，再进一步分析安装高效电源的必要性；由于目前不同厂家生产电源的质量及性能参差不齐，所以须注意存在着高压电源所达到的实际运行功效、电耗、运行参数数值的真实和可靠性问题。

（3）低低温电除尘器。低低温电除尘工艺的具体实施过程中由于烟气温度降低、灰流动性变差等变化而使得低低温电除尘器在运行中出现腐蚀、堵塞等问题，而这些问题的出现都有可能将电除尘器提效改造的效果抵消。

1）设备腐蚀及结垢。进入低温省煤器本体烟气温度发生骤变及进入电除尘器的烟气温度低于酸露点温度，部分电除尘器由于漏风而造成电除尘内壁构件、内壁及人孔门周围出现腐蚀现象；由于粉尘性质（粉尘黏性增加）发生变化，所以出现本体内部极线、极板及壳体内壁的粉尘结垢板结现象。

2）运行效果稳定性差。低温省煤器高尘布置，常受烟尘冲刷磨损而泄漏、停运，导致烟气量和粉尘比电阻增加，除尘效率下降，运行效果不稳定；同时增加低温省煤器后，引起电除尘器入口烟箱的气流分布及烟气量分配的偏差，同时造成本体内部局部的冲刷现象。

3）灰斗堵灰及干除灰系统输送问题。由于灰的流动性随温度的降低而降低，因此易出现灰斗的堵灰及棚灰现象，干除灰输送易出现输送困难及堵灰现象。

4）低温省煤器运行问题。由于空气预热器漏风及锅炉燃烧存在问题，所以不同低温省煤器入口烟温相差较大（最大偏差 20℃），无法实现对各个低温省煤器出口温度的精准控制，同时影响除尘效率；低温省煤器出现泄漏，造成下游电除尘器出现结垢及腐蚀；低温省煤器自身堵灰及积灰现象，造成流场及换热变差。

（4）超净电袋复合除尘器。需要注意滤料材质选型和烟气工况的匹配，若选型设计不当可能造成滤袋使用寿命达不到预期。

（5）湿式电除尘器。湿式电除尘器的主要问题就是设备腐蚀及对脱硫水平衡的影响。湿式电除尘器通常布置于湿法脱硫后，工况十分恶劣，防腐是保证湿式电除尘器长期安全可靠运行的重要问题之一；目前较为主流的金属板式湿式电除尘器，需要工艺水为冲洗水，虽然采用闭式循环，但仍需定期排出一定量的废水，废水一般回流到脱硫系统，将增加脱硫系统水平衡的负担，影响脱硫水平衡。

二、对策措施

（1）对于烟尘超低排放要求，必须根据燃煤、炉型、场地等具体条件，并结合锅炉、脱硝、脱硫等设备运行状况，合理设计和选择烟尘超低技术路线。

（2）对电除尘器的提效改造，需要前期对设备目前状态有充分了解，对最适宜改造技术及工艺有合理的选择，同时还需保障精细化设计、精细化安装及运行维护。

第二节　超低排放改造后除尘设施性能测试及时性问题

一、问题及原因分析

（1）除尘设备超低排放后，没有及时进行性能测试，导致烟尘排放实际上可能处于超标状态，但在线烟尘监测设备由于精度等原因并未能检测出超标情况，造成设备较长时间处于超标排放状态而未能及时处理。另外，没有及时性能测试，导致对设备的实际运行状况不清楚，如电除尘的电源电耗过大、袋式除尘的阻力过高、低温省煤器的温降达不到设计要求等，造成能耗的浪费。

（2）测量仪表选型问题。火电厂实施超低排放改造后，烟气水分含量增大，烟气特性发生变化，对烟尘在线监测的精确性提出了更高要求。超低排放改造后适用测量湿烟气含粉尘浓度低于 10mg/m³ 的粉尘仪引进国内使用时间较短，各品牌粉尘仪存在的问题也没有充分暴露。目前，以 Sick 公司的 Fwe200、Durag 公司的 D-R820F、Thermo Scientific 公司的 PMCEMS 等几种为主。其中 Sick 公司粉尘仪测量稳定、故障率低，但随机组负荷变化测量变化不明显；Durag 公司粉尘仪测量随电场投退和负荷变化测量值变化明显，出现瞬时测量超标的频率比 Sick 粉尘仪多；Thermo Scientific 公司粉尘仪安装有基于振荡天平原理的校准装置，测量精度较高，但国内业绩相对较少。

（3）测量仪表准确性判读问题。由于超低排放烟尘要求排放浓度不高于 10mg/m³，而我国对在线仪表是否准确的判断方法，采用的是用离线仪表比对在线仪表的方法。按照我国法定的方法，在烟尘低于 50mg/m³ 时数据的绝对误差为 ±15mg，也就是说仪表测量的误差比允许最高的浓度还高，这种情况无法准确判断在线仪表的准确性。

（4）风烟系统阻力问题。由于超低排放改造项目都会导致烟气阻力上升，因此在确定改造线路时必须同步评估烟气阻力的上升量和现有风机的余量，确定是否需要进行风机的增容改造。目前很多电厂在进行增引合一以及风机增容的改造，节电效果明显，应该考虑同步改造。

二、对策措施

由于我国煤电超低排放远远高于各国标准大气污染物的排放限值，现阶段在测试硬件设备的配备及各项验收制度上还有待进一步完善，以达到排放标准监测的要求。

第三节　超低排放改造后烟尘协同控制问题

烟尘超低排放实际上是指烟气中颗粒物的超低排放，排放烟气中不仅包括烟尘，而且包括湿法脱硫过程中产生的次生颗粒物。烟尘的超低排放要考虑其协同控制问题，除尘技术一般包括烟气脱硝后烟气中烟尘的去除，称之为一次除尘技术，主流技术包括电除尘、电袋复合除尘和袋式除尘技术；脱硫后对烟气中颗粒物的再次脱除或烟气脱硫过程中对颗粒物的协同脱除，称之为二次除尘或深度除尘技术，脱硫后对烟气中颗粒物的脱除主要采用湿式电除尘器，湿电可实现较低的烟尘排放，但需要增加较高的投资和运行费用，因此鉴于经济性考虑其除尘效率的选型通常取70%；脱硫过程中对颗粒物的协同脱除主要采用复合塔脱硫技术，并采用高效的除雾器或在湿法脱硫塔内增加湿法除尘装置，结合实际工程经验，复合塔协同除尘脱硫技术对颗粒物的脱除效率通常可达70%。因此，一次除尘器出口烟尘浓度为30～50mg/m³时，二次除尘仅依靠复合塔协同除尘脱硫技术较难稳定实现超低排放，宜选用湿式电除尘器；一次除尘器出口烟尘浓度小于30mg/m³，二次除尘也可选用湿式电除尘器，实现更低的颗粒物排放浓度，更好地适应煤炭市场等因素的变化，投资与运行费用也会适当增加。一次除尘器出口烟尘浓度为10～30mg/m³时，二次除尘宜选用复合塔脱硫技术协同除尘，并确保复合塔的除雾除尘效果。一次除尘器出口浓度为30～50mg/m³时的烟尘达标排放可行技术可选取电除尘器、电袋复合除尘器或袋式除尘器；对于一次除尘就要求烟尘浓度小于10mg/m³或5mg/m³不依赖二次除尘实现超低排放的，宜优先选择超净电袋复合除尘技术。其他情况下（包括煤种的除尘难易性为"一般"），可结合二次除尘技术效果、煤质波动情况、场地条件、投资与运行费用等因素综合考虑选择。

目前，超低排放改造后烟尘协同控制存在如下问题。

一、问题及原因分析

（1）放松对一次除尘器的要求，造成二次除尘器负担过重。脱硫后对烟气中颗粒物的脱除主要采用湿式电除尘器，湿电需要增加较高的投资和运行费用，出于经济性考虑其除尘效率的选型通常取70%；脱硫过程中对颗粒物的协同脱除主要采用复合塔脱硫技术，并采用高效的除雾器或在湿法脱硫塔内增加湿法除尘装置，结合实际工程经验，复合塔协同除尘脱硫技术对颗粒物的脱除效率通常可达70%。

一次除尘器出口烟尘浓度为30～50mg/m³时，二次除尘仅依靠复合塔协同除尘脱硫技术较难稳定实现超低排放，宜选用湿式电除尘器。而脱硫后端增加实时电除尘器不但增加了一次投资，还增加了运行费用和维修费用，同时造成大气污染物向水转移。

当燃煤电厂一次除尘器出口烟尘浓度大于50mg/m³时或排放浓度不稳定时，不但加重了二次除尘设备的负担，也容易造成总排口烟尘排放浓度超标的现象。

（2）湿法脱硫高效协同除尘中液气比的控制未充分考虑二氧化硫与烟尘控制的协调。在湿法脱硫高效协同除尘的技术路线中，由于没有配置湿式电除尘器，湿法脱硫塔成为烟尘排放的终端把关设备。喷淋塔除尘机理与湿法除尘设备中重力喷雾洗涤器相似，一定粒径（范围）的喷淋液滴自喷嘴喷出，与自下而上的含尘烟气逆流接触，粉尘颗粒被液（雾）滴捕集，捕集机理主要有重力、惯性碰撞、截留、布朗扩散、静电沉降、凝聚和沉降等。

湿法脱硫高效协同除尘的效率与液气比密切相关，随着液气比的增大，吸收塔单位截面上喷淋浆液量越大，喷淋液滴数目增加，表面积增加，与颗粒物接触机会增加，脱除效率明显增大。

然而，湿法脱硫塔的主要功能定位是脱硫，工程项目设计时要确定设计输入与输出条件，在设计煤种上会选含硫量较高的煤种进行设计，根据要求的出口二氧化硫浓度设计脱硫效率，从而设计整个脱硫系统（包括喷淋层系统和运行参数），对除尘作用基本上是协同的概念。从前述计算与测试数据来源，大多数是以全负荷运行状态而言的。实际上，湿法脱硫塔运行是与煤的含硫量、发电负荷紧密联系的，根据湿法脱硫塔实际进口二氧化硫浓度进行控制，调节循环泵开启的个数，控制喷淋量与浆液pH值。这样可能导致协同除尘效率不是很稳定，运行中二者难以兼顾。当采用湿法脱硫塔后没有配置湿式电除尘器的超低排放治理技术路线工程中，湿法脱硫塔就是除尘的终端把关设备，在某种特定应用煤种情况下（如低硫煤、高灰分、高比电阻粉尘），湿法脱硫塔进口比较低的二氧化硫浓度与较高的飞灰颗粒物浓度同时出现，湿法脱硫塔的运行将难以兼顾，不大可能为了维持较高的除尘效率将喷淋层全负荷投运，这就是湿法脱硫塔协同除尘的局限性。

二、对策措施

（1）一次除尘和二次除尘设备各司其职，对于除尘发挥的作用侧重点不一样。

一次除尘设备充分发挥其主要功能——除尘，将一次除尘设备出口的烟尘浓度控制在满足总排口达标排放的前提下，并且二次除尘设备较经济的除尘效率范围内，甚至完全不依赖二次除尘，简化工艺路线，减少湿式电除尘器的一次投资和运行维护费用。

（2）湿法脱硫装置的主要功能定位是脱硫，除尘是协同功能。当燃用低硫煤煤种、对除尘器不利飞灰两种情况同时出现时，湿法脱硫装置的脱硫与协同除尘较难兼顾。因此在粉尘超低排放技术方案选择时，不应过度依赖湿法脱硫装置的协同除尘作用。

（3）超低排放技术路线选择的核心是具体问题具体分析，在各主要治理设备中理清主要功能和协同功能非常重要，在我国煤种普遍波动较大的现实条件下，更要仔细认清协同控制中协同功能的局限性，不能简单套用一些国外经验。

第四节　超低排放改造后静电除尘器由于结灰造成除尘效率降低

一、问题及原因分析

（1）收尘板、芒刺针、极线上结灰结垢，振打除灰效果不明显，如何开发新技术进一步提高振打除灰的效果对于提高电除尘效率非常重要；

（2）低比电阻粉尘逃逸，造成除尘效率降低；

（3）微米亚微米级颗粒物荷电不充分，去除效率低；

（4）极线硫酸氢铵结垢，振打难以去除，引起反电晕，能耗增加。

二、对策措施

（一）静电除尘器高声强在线清灰、控垢

声波除灰原理为：通过产生高强声波对附着在锅炉相关部位表面的灰、垢反复作用，在同频共振作用下，灰垢在随着声波频率上下起伏运动中，不断压缩和伸张，最终脱落，灰垢在周期声波中的受力示意见图 6-1。

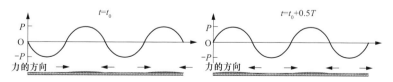

图 6-1　灰垢在声波作用下的受力

在燃煤电厂静电除尘器入口扩张段，烟气均流板前采用多个大功率可调频高声强声源结合声波定向聚声控制技术，去除极线极板上的灰尘和结垢。采用可调频高强声波除垢技术，针对硫酸氢铵（ABS）积灰结垢特性，有效去除，保持极线洁净。

（1）利用可调频高强声波替代振打，针对 ABS 积灰结垢特性，基于声波共振原理，精确调整声波频率，仅使极线上的结垢产生大幅度振动，最终由于声疲劳而剥离，可保持极线洁净和避免二次扬程。芒刺线采用高强声在线除垢效果对比见图 6-2。

 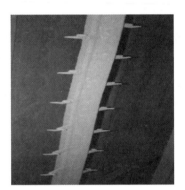

除垢前   除垢后

图 6-2 芒刺线采用高强声在线除垢效果对比

（2）采用可调制声控制技术，利用高强声非线性自解调机理，产生高强可调频声波，精确控制静电除尘器内各区域的声场频率和强度，保证极板上的灰垢整体上处于一致状态。当达到一定厚度后，采用声波整体去除，保证极板处于最佳工作专题和避免二次扬程。

声波可调制声控制技术原理见图 6-3；采用声可调制声技术控制静电除尘器内声场模拟见图 6-4。

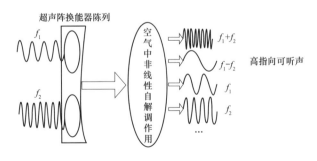

图 6-3 声波可调制声控制技术原理

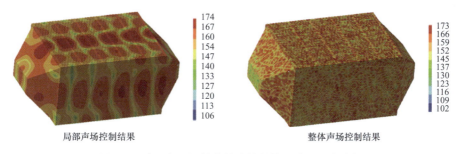

局部声场控制结果   整体声场控制结果

图 6-4　采用声可调制声技术控制静电除尘器内声场

（3）声波精确控灰技术，可针对高比电阻烟尘，精确去除和控制在吸附在极板上的灰垢，保持极板最佳工作状态，并避免二次扬程。

技术实施：设计使用 2 台 ENSG 型可调频高声强声源安装在电除尘入口烟道扩张段，位于均流板前方。具体清灰技术实施示意图见图 6-5。

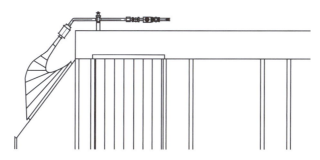

图 6-5　静电除尘器在线清灰技术实施示意图

（二）静电除尘器离线清灰

（1）机组不停运。通过风量调整装置调节风量，依次将需要清灰的烟气通道出口或进、出口烟气挡板关闭，并停止供电，进行声波清灰。

（2）离线清灰只在保证静电除尘器工作状态下，对将需要清灰的某个电场烟气通道出口或进、出口烟气挡板关闭，并停止供电，采用声波或振打清灰，大幅减少清灰过程中的二次扬尘。挡板关闭会影响电除尘器本体内的流场，需通过风量调整装置来防止流场恶化。一般在电除尘器末电场使用，已有多个电厂成功应用。

第五节　超低排放改造后湿式电除尘器超细颗粒物脱除难度加大

一、问题及原因分析

存在的问题主要有：①PM$_{2.5}$等超细颗粒去除效率低。②无法去除三氧化硫雾滴、可凝结性颗粒物。③耗水量大。增大电厂废水处理压力，烟囱白烟污染加重。④电耗高，设备复杂，故障率高，对操作人员要求高。⑤存在安全隐患，已经发生多起火灾事故。⑥占地大、能耗高，检修维护费用高。

二、对策与措施

（一）声波团聚除尘技术

声波团聚是一种颗粒物预处理技术，其具体原理是利用高强度声波使烟尘中微米和亚微米级超细颗粒物、三氧化硫酸雾、颗粒态重金属等多种超细粒径污染物发生相对运动、碰撞，使超细颗粒物极速凝并团聚增大，具体原理示意见图6-6。团聚增大的颗粒物、液滴可以更好地通过后续除尘（除雾）设备进行收集和脱除。

声波联合喷雾强化细颗粒团聚长大粒径分布特征见图6-7，声波强化细颗粒团聚长大粒径分布特征见图6-8。

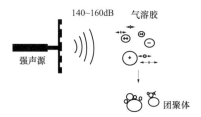

图 6-6　声波团聚技术原理

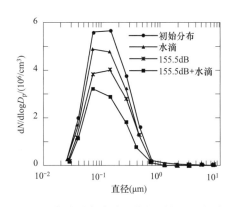

图 6-7　声波联合喷雾强化细颗粒团聚长大

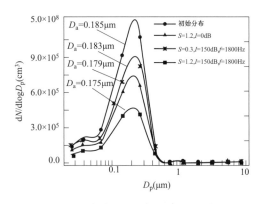

图 6-8　声波强化细颗粒团聚长大

声波团聚设备可根据实际需求布置在脱硫塔内或脱硫塔净烟道。布置在脱硫塔内时，塔内原有除雾器的切割粒径应不大于 $10\mu m$；布置在脱硫净烟道上，为不增加引风机的改造，配置的除尘器压损应不大于 $200Pa$。为适应颗粒物粒径动态变化过程，保证声波团聚效果，声波团聚用声源应具有高可靠性，频率应可在百赫兹～万赫兹间大范围内调节，声功率不小于 10kW，保证团聚空间声压级应在 155dB 以上。声波团聚除尘工艺路线见图 6-9。

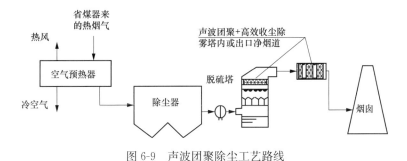

图 6-9　声波团聚除尘工艺路线

（二）声波团聚技术脱白技术

1. 现有脱白技术

湿烟羽的形成机理如图 6-10 所示。图中的曲线为湿空气的饱和曲线，假设湿烟气在烟囱出口处的状态位于 A 点，而环境空气的状态位于 F 点，烟气在离开烟囱时处于未饱和状态。湿烟气与环境空气混合过程开始沿 AB 线变化，达到 B 点后烟气变为饱和湿烟气，此后湿空气与环境空气的混合沿着曲线 BDE 变化，而多余的水蒸气将凝结成液态小水滴，形成湿烟羽。

一般说来，如果湿烟气离开烟囱时是饱和的，即烟气状态位于图 6-10 中的 B 点，而周围环境温度又比烟气的温度低，它在抬升和传输过程中就会出现湿烟羽。

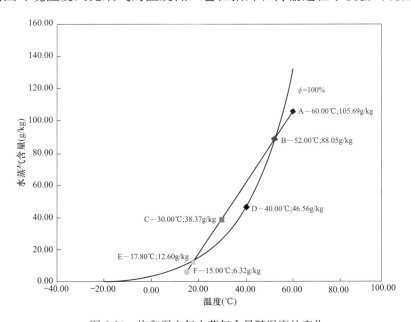

图 6-10　饱和湿空气水蒸气含量随温度的变化

我国燃煤电厂超低排放：政策、技术与实践

使湿烟气在烟囱出口不出现湿烟羽，就是要让烟气在降温过程中的变化曲线ADFC（见图6-11）与饱和曲线不相交。通常有下列三种方法：①烟气加热，使烟气的初始状态点A远离饱和曲线。②烟气冷凝再热，降温可以减少烟气中的含湿量，减少烟气再热的幅度。③烟气冷凝，直接将烟气冷凝到一定温度，烟气与环境混合的变化曲线不再与饱和曲线相交。

（1）烟气加热。假定烟气最初为45℃的饱和湿烟气，其状态位于图6-11所示的A点，环境空气为10℃，相对湿度为80%，即位于图6-11中的C点。如果湿烟气直接排放，就会出现湿烟羽，因为直线AC会与饱和曲线相交，必然会出现凝结水。如果将烟气加热到98℃，使它的状态位于B点，烟气排出后将沿直线BC变化，与饱和曲线不再相交，烟气中不再有凝结水出现，湿烟羽现象消失。

烟气加热的另一种方式可以通过向湿烟气中通入热二次风来实现，如图6-11中A-G，加热后的烟气沿着G-C变化，与饱和曲线不再相交，烟气中不再有凝结水出现，湿烟羽现象消失。

（2）烟气冷凝再热。先将饱和湿烟气由45℃降到41℃，烟气中的大量水汽凝结成液态水，烟气的状态由A点变到D点，再将烟气加热到65℃排放，即图6-11中的E点。烟气排出后将沿E-C线变化，不再有凝结水形成，湿烟羽现象消失。

（3）烟气冷凝。将饱和湿烟气由45℃直接冷凝到21℃，烟气中的大量水汽凝结成液态水，烟气的状态由A点变到F点，将烟气直接排放，烟气排出后将沿F-C线变化，不再有凝结水形成，湿烟羽现象消失。

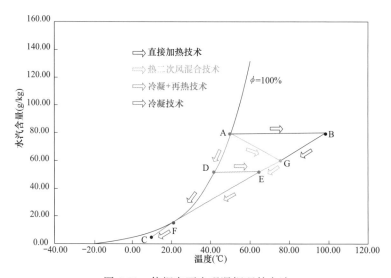

图6-11　使烟囱不出现湿烟羽的方法

2. 声波团聚脱白技术

冷凝再加热是现有能耗最低、最经济的脱白技术。声波团聚脱白技术在冷凝加热的基础上，首先将饱和烟气中的水滴去除，进一步降低冷凝升温的能耗，达到最经济的脱白。

（1）脱白技术路线一（已进行 MGGH 和低温静电除尘器改造的）。已进行 MG-GH 和低温静电除尘器改造的，脱白工艺路线见图 6-12，即：MGGH（降温段）+低温静电除尘器+脱硫+声波团聚+收尘/水+复合流冷却器+MGGH（加热段）。

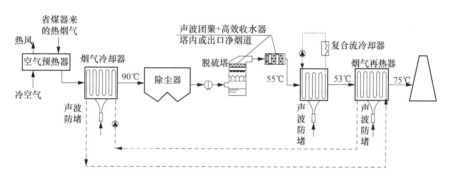

图 6-12　声波团聚技术超低排放去白技术路线一

烟气治理过程如下：

1）空气预热器烟温经 MGGH（降温段），烟温降至 90℃。

2）低温烟气进入低温静电除尘器去除烟尘，烟尘（颗粒物）浓度小于或等于 25mg/m³。

3）烟气经脱硫后温度降至 55℃，达到饱和，颗粒物浓度小于或等于 15mg/m³；但颗粒物粒径减小，$PM_{2.5}$浓度增大。

4）烟气经声波团聚处理后，颗粒物、液滴粒径增大，经收尘/水器后，颗粒物浓度小于或等于 5mg/m³；$PM_{2.5}$去除效率为 80%；烟气中的液态水全部收集。

5）烟气通过复合流冷却器，烟温降至 53℃，进一步去除烟气绝对含水量，颗粒物、$PM_{2.5}$浓度进一步降低。

6）烟气通过 MGGH（升温段），烟温升至 75℃，保证在环境温度 5～10℃不出现白烟。

（2）声波团聚脱白除尘路线二（未进行改造的机组）。1 级烟气降温+脱硫+2 级烟气降温+声波团聚+收尘/水+混风升温。

声波团聚技术超低排放脱白技术路线二见图 6-13。

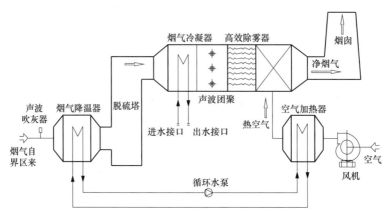

图 6-13　声波团聚技术超低排放去白技术路线二

烟气治理过程如下：

1）静电除尘器出口烟气经 1 级烟气降温换热器，烟温降至 100℃，冷水加热至 100℃，一部分用于季节性供暖，一部分用于加热空气。

2）烟气经脱硫后温度降至 55℃，达到饱和，颗粒物浓度小于或等于 15mg/m³；但颗粒物粒径减小，PM$_{2.5}$ 浓度增大。

3）烟气经 2 级烟气降温换热器后，烟温降至 45℃，颗粒物、SO$_3$ 雾滴、可凝结性颗粒物析出。

4）烟气经声波团聚处理及收尘/水器后，颗粒物浓度小于或等于 5mg/m³；PM$_{2.5}$ 去除效率为 80％；烟气中的液态水全部收集，绝对含水量降低。

5）烟气通过与热空气混合，烟温升至 65℃，保证在环境温度 5℃左右不出现白烟。

（3）技术特点。

1）总尘脱除率为 90％以上，浓度小于或等于 5mg/m³，PM$_{2.5}$ 等超细颗粒物脱除效率为 85％，对三氧化硫雾滴、可凝结性颗粒物去除也有一定作用。

2）低能耗，充分利用烟气余热升温及冷凝水冷却，声波团聚除湿收水，降低换热器能耗。

3）相比湿式电除尘器，一次性投资低、运行及维护费用低、设备占地面积小、系统构造简单可靠，在达到超低排放指标下，彻底解决白烟。

第六节　超低排放改造后烟尘浓度在线监测问题

原来我国电厂颗粒物 CEMS 监测绝大多数是使用直接测量式即原位式测量方法，测量方法主要是光散射法（占比约为 79％）和浊度法（占比约为 19％）。浊度法技术基于朗伯-比尔定律，准确性受颗粒物粒径分布影响较大，且灵敏度不高，一般用于烟尘浓度高（大于 $300mg/m^3$）、烟道直径大且烟气湿度低的工况。光散射法是采用测量散射光强度来监测烟尘浓度的，在实际应用中有前向散射、后向散射和边向散射三种类型。该技术灵敏度高，适用于烟尘浓度低的工况。但该技术同样容易受水汽影响，不适宜原位测量烟气湿度高的工况。

随着超低排放政策的实施，原有的直接测量式烟气颗粒物监测仪在高湿烟气环境下的应用比较困难，因此抽取式烟气颗粒物测量仪器在国内 CEMS 监测中应用逐步增多。抽取式测量受烟尘粒径分布、折射系数、组分变化、烟气湿度等影响很小，可用于烟尘浓度低、烟气湿度大的工况，主要包括直接抽取和稀释抽取两种，均要采取高温伴热取样，以避免湿度对测量结果的影响。

根据 GB/T 16157，采用抽取测量方式的颗粒物 CEMS，应具备等速跟踪采样功能，不宜采用恒流采样的方法。

目前国内广泛使用的主流超低颗粒物 CEMS，分为下列两类抽取式烟尘仪：

（1）伴热抽取式，从烟道中伴热抽取烟气进入高温汽化腔室，将烟气中的水滴蒸干，如英国 PCME 181WS 产品、德国 SICK FWE200 产品等。

（2）稀释抽取式，抽取的烟气与加热了的空气混合后进入加热取样头，湿度立即降低，通过取样头再加热成干烟气进行测量，如德国 DURAGD-R 820F 和 PFM06ED 产品等。

一、问题及原因分析

1. CEMS 测点的代表性不强

当前，对于颗粒物的测量气测点的代表性不强，是 CEMS 存在的一大问题。一些电厂在安装固定污染源设备的过程中，使其距离烟道断面或者弯头太近，这就容易导致出现相应的测点对烟道情况反映准确度不高，影响最终的测量结果。

2. 颗粒物恒流采样会对测量结果引起偏差

恒流采样的采样速度不会随烟气的实际速度而变化，采样速度大于或小于采样点的烟气速度都将使采样结果产生偏差，不符合 GB/T 16157 提出的等速采样要求。一些电厂颗粒物采样烟气流速恒定值往往大于人工比对时段电厂实际烟气流速，这是造成 CEMS 监测结果低于手工监测结果的重要原因。

3. 现有监测仪器的量程偏高、不能准确反映被测烟气的真实排放水平

量程的选择涉及仪器的准确度，应根据被测量的污染物浓度合理选用仪器量程。

根据《固定污染源烟气排放连续监测系统技术要求及检测方法（试行）》（HJ/T 76—2007）3.8 条的要求：满量程值根据实际应用需要设置 CEMS 的最大测量值，通常设置为高于排放源最大排放浓度的 1～2 倍。目前，电厂的总排口颗粒物仪表量程普遍存在过大问题，会造成一定的测量偏差。

二、对策措施

（1）针对 CEMS 测点的代表性不强的问题，建议通过对烟道进行测试，从中选择最接近平均浓度的烟道，然后将装置中采样设备放在对应的测孔，同时还应该对测点的探头进行加长，从而避免出现因为测孔中气密性导致检测数据失真问题的出现。另外还可以安装多个探头，进行取平均值的方法，提高测量的精确度。但是这种方法会增加企业的成本，因此在具体操作中需要根据实际情况实施不同的改善措施。

（2）针对颗粒物恒流采样对测量结果引起偏差的问题，为实现超低排放颗粒物的精确测量，适应 2018 年 3 月 1 日起实施的《固定污染源烟气（SO_2、NO_x、颗粒物）排放连续监测技术规范》（HJ 75—2017）9.3.8 条目中准确度验收技术要求，宜增加对烟气流速的等速追踪装置，实现 CEMS 对颗粒物的等速采样以消除测量结果误差因素，更好地实现颗粒物的准确测量。

（3）针对现有监测仪器的量程偏高，不能准确反映被测烟气的真实排放水平的问题，建议按相关标准规范要求，烟气 CEMS 合理选取小量程并采用小量程标气重新标定、颗粒物 CEMS 利用手工比对数据进行量程调校，以进一步提高测量精度。

第七节　超低排放改造后设备运行管理问题

全国几乎所有省份都在实施煤电超低排放改造，主要发电集团公司完成或正在进行超低排放改造的机组占比超过 80%。从效果上看，执行煤电超低排放改造有利于进一步降低电力大气污染物排放，同时促进了电力环保技术及产业发展。但同时，在推进煤电超低排放过程中仍存在一些问题值得关注，如超低排放政策与相关节能政策不协调、环保运行管理难度增加等。

一、问题及原因分析

（1）超低排放增加系统能耗，与节能要求不一致。煤电实施超低排放改造后增加厂用电率，提高了供电煤耗，对落实国家煤耗指标下降目标产生影响。此外，要全面实现超低排放，需选择含硫量低（小于1％）、灰分较低（小于15％）、挥发分高、低位发热量高的优质煤，会挤占民用或散烧用户使用优质煤资源，不利于全社会控制污染物排放。

（2）现有火电达标判定及监管要求超出可行技术能力。现有火电污染控制技术无法支撑火电厂全时段达标排放，火电机组在燃烧不稳定、烟气温度偏低、环保设施故障等时段，因环保设备无法投运等因素，火电厂无法实现全时段、全工况100％达标排放。且近年来随着我国经济处于新常态，电力发展进入转型期，火电厂启停频繁、日内工况波动大、平均负荷持续走低将成为常态，影响火电企业达标运行。此外，CEMS是火电企业环保监管、达标判定的重要手段，但目前CEMS显示和上传的部分数据并未按照《固定污染源烟气排放连续监测技术规范》对无效数据进行剔除。实际运行过程中"CEMS过假超标"现象普遍，如启机、停炉或闷炉时CEMS仍上传高氧量数据致使排放浓度超标，CEMS反吹和标定时失控数据超标等，未剔除数据也导致上传数据频繁超标。

二、对策措施

（1）根据我国富煤、缺油、少气能源资源的禀赋特点，煤炭一直以来是主体能源，发电用煤是最清洁、高效的利用方式。电煤占煤炭消耗的比重是衡量一个国家清洁化水平的重要标志。经过多年发展，我国燃煤发电技术和大气污染物控制技术处于世界先进水平，煤电机组实现超低排放后甚至比天然气发电更加清洁，是煤炭利用最清洁的方式，应视为清洁能源。未来一段时间，煤炭仍然是我国最重要的能源，建议把实现超低排放的燃煤电厂纳入能源清洁范畴，享受清洁能源政策。

（2）考虑到现有火电环保技术水平、机组运行状态以及不可控因素（如自然灾害等）等，对客观情况给予扣除和豁免是国际通行做法。鉴于我国排放标准与欧盟、美国标准体系具有相似性，可以参照欧盟标准的形式，在排污许可执法时给予煤电机组环保设施故障豁免。同时，采用长期排放浓度平均值可以有效对冲电厂无法时时达标的风险。在低排放限值下，相对于烟道系统庞大、烟气工况变化复杂等情况，在同等监测技术的绝对误差下，相对误差要高得多；再加上频繁变化的运行工况决定了短期内不可避免地会出现高排放浓度，使短时间尺度的超标判别失去了科学性。借鉴欧盟、美国经验，增加长时间度的平均排放限值（如30日滚动均值）可以有效对冲电厂无法时时达标的情况。

第七章

燃煤电厂超低排放相关的脱硫实践问题

虽然燃煤电厂实施超低排放时间不长，并且也能实现稳定超低排放，但是在运行过程中，仍然能发现脱硫设施在超低排放改造和运行过程中存在着诸多共性问题，当然这些问题在超低排放之前也有部分适度存在。包括：超低排放改造后脱硫吸收塔喷淋层结垢问题、脱硫塔氧化风管堵塞问题、脱硫塔溢流返浆和吸收塔浆液品质下降问题、脱硫塔氯离子高问题等。本章主要是分析二氧化硫超低排放改造和运行维护过程中存在的共性问题，以及对应的对策措施。

第一节　超低排放改造后脱硫吸收塔喷淋层喷嘴堵塞问题

一、问题及原因分析

某电厂 3 号机组在停机现场检查过程中主要发现以下问题：脱硫塔主塔集液盘下方最高喷淋层喷嘴有三分之一发生堵塞，将发生堵塞的喷淋层支管切割开口检查发现，支管内部发生了明显的堵塞与沉积现象。部分喷淋层喷嘴堵塞后，浆液分布不均，对脱硫效率影响很大。

通过现场检查发现，集液盘下方最高喷淋层喷嘴为单向喷嘴，喷嘴距离塔壁较近，当浆液向下喷淋时，浆液以一定角度高速喷射向塔壁，形成较强的机械冲刷作用，导致塔壁玻璃鳞片脱落，进而导致塔壁穿孔。

从现场检查的结果来看，脱硫塔底部有较多沉积物，而且沉积物出现明显的分层，大量沉积物随浆液被送至喷淋层支管内，造成喷嘴堵塞现象。喷淋层喷嘴发生堵塞后，喷淋层支管内流速急剧降低，使浆液内的悬浮物逐渐沉积，造成支管管道内部大面积堵塞。

从取回的底部沉积物样品的化验结果来看，最下层沉积物中 $CaCO_3$ 含量高达 60.10%，观察样品可以发现，固体颗粒较大，大量石灰石颗粒由于粒径太大未充分溶解而参与反应，沉降在脱硫塔底部。中层沉积物仍以 $CaSO_4 \cdot 2H_2O$ 为主，占 81.31%，$CaCO_3$ 含量占 10.63%。$CaCO_3$ 含量较高，说明在运行过程中补浆量较大，一部分 $CaCO_3$ 未参与反应。浆液中含有 $CaSO_4$、$CaSO_3$、$CaCO_3$ 及飞灰中含有硅、铝、铁等物质容易附着在除雾器叶片表面形成软垢，当冲洗不充分时，部分软垢慢慢地被氧化，经过结晶、长大最终形成硬垢，逐渐堵塞除雾器。从除雾器表面垢样成分化验结果来看，$CaCO_3$ 含量较高，被烟气携带附着在除雾器表面加重了除雾器的结垢和堵塞。冲洗水管末端压力不断降低，造成边缘区域冲洗水量不足，除雾器表面冲洗不充分造成除雾器表面结垢和堵塞。

喷淋层喷嘴堵塞主要是吸收塔浆液中存在大颗粒杂质，运行时通过浆液循环泵进入喷淋层喷嘴，由于喷嘴为倒锥体，所以杂质卡在喷嘴上，日积月累造成喷嘴堵塞。杂质主要的产生途径有：①系统中残留的工业垃圾；②因操作控制的原因，系统紊乱积垢生成颗粒较大的杂质。另外也存在衬胶管路损坏后，脱落的胶片被浆液带入喷嘴。

二、对策措施

针对燃煤电厂超低排放后脱硫塔喷淋层喷嘴堵塞的问题，提出如下对策措施：

（1）在电厂每次大小修后，彻底清理脱硫工艺系统，同时控制好制浆系统、脱水系统以及地坑排水至吸收塔的污染物，避免杂质残留在系统内造成喷淋层喷嘴堵塞。

（2）提高燃煤电厂锅炉电除尘器的效率和可靠性，减少烟气中的粉尘进入脱硫工艺系统。

（3）运行控制吸收塔浆液中石膏过饱和度最大不超过 140%，避免积垢形成杂质。

（4）选择合理的 pH 值运行。浆液的 pH 值对系统结垢的影响程度较高，浆液的 pH 值高，有利于碱性溶液与酸性气体之间的化学反应，对脱除 SO_2 有利，但对脱硫的氧化会起抑制作用。适当降低并保持相对稳定的 pH 值，可以抑制 H_2SO_3 分解为 SO_3^{2-}，使反应物大多为易溶性的 $Ca(HSO_3)_2$，从而减轻系统内的结垢倾向。保证吸收塔浆液的充分氧化，避免形成积垢。

（5）在长期低负荷的情况下，不要长期停运喷淋层，应定期切换，防止烟尘及石膏附着在喷嘴上造成喷嘴堵塞。

（6）检修时对循环泵入口滤网认真检查，发现损坏及时处理。

（7）对发生堵塞的喷淋层喷嘴和支管进行清理，除去喷淋层管外、浆液循环泵入口滤网、氧化风管出口以及其他位置的垢层和堵塞物。修复脱落的浆液循环泵入口滤网，对喷淋层横梁冲孔部位以及脱硫塔底部腐蚀穿孔位置进行修补，并进行防腐处理，适当调整个别喷嘴的喷射角度，减少对横梁的冲刷，对吸收塔内破损的防腐层进行修补。

第二节　超低排放改造后脱硫吸收塔喷淋层结垢问题

一、问题及原因分析

某热电有限公司 1 号机组在停机检查过程中，发现脱硫塔主塔集液盘下方最高喷淋层发生结垢并堵塞，部分喷淋层横梁和壁面处防腐层冲刷较为严重，该喷淋层所对应的浆液循环泵塔内入口滤网网孔堵塞较为严重，如图 7-1 和图 7-2 所示。

图 7-1　集液盘下方最高喷淋层外壁散落结垢情况

图 7-2　喷淋层外壁下表面结垢情况

　　将发生堵塞的喷淋层对应的浆液循环泵打开,发现其叶片发生了严重的气蚀和磨损,浆液循环泵在运行过程中,其电流一直处于上下波动状态。浆液循环泵塔内入口滤网与塔体连接处存在部分分离,滤网附近的脱硫塔壁面被严重腐蚀穿孔。脱硫塔未安装在线浆液 pH 计,无法实现脱硫塔技术指标的自动控制,在浆液 pH 值偏离控制值或发生波动的情况下,易促进浆液池内结垢情况的发生。石灰石浆液的细度在部分运行时间段内超标。

　　喷淋层结垢的主要原因是集液盘的设置导致其下方烟气形成涡流,烟气携带的浆液液滴和喷淋层碰撞形成结垢。其脱硫塔采用单塔双循环系统,主塔内中间部分增设有集液盘,用以收集脱硫塔上半部分喷淋的浆液,通入循环浆液箱(AFT 塔,Absorber Feed Tank)内实现单塔双循环。集液盘的设置使附近塔体流通面积大幅减小,使流经附近的烟气流速升高,在集液盘下方,向上流动的烟气受集液盘的阻挡流速降低并形成涡流,浆液液滴随烟气撞击附着在集液盘下方的喷淋层管壁外部。由于浆液中含有 $CaSO_4$、$CaSO_3$、$CaCO_3$ 及飞灰中含有的硅、铝、铁等物质,使浆液含有较大黏度,浆液液滴极易随烟气撞击附着在集液盘下方的喷淋层管壁外部。脱硫塔内烟气和浆液温度在 50 ℃左右,附着在壁面上的浆液在高温和风力的作用下,使得其中水分不断蒸发,形成结垢。部分结垢区域随着浆液液滴的不断附着和蒸发,逐渐形成较厚的沉积层,沉积层结构致密,且质感类似于水泥一样的硬垢。

　　利用 Fluent 软件对简化后的脱硫塔内烟气流场分布进行了数值模拟。由于脱硫塔内部结构的详细参数不是非常全面和详细,所以建模过程中仅保留了脱硫塔最基本的形状和尺寸,脱硫塔内部其余设备、喷淋等影响因素均予以忽略,数值模拟的具体结果如图 7-3 和图 7-4 所示。从模拟的结果中不难发现,脱硫塔内部多个区域均存在烟气涡流,集液盘下部喷淋区域烟气分布尤为不均,集液盘周围远离原烟气入口的区域烟气流速较高,而靠近原烟气入口的区域烟气流速较低。在实际运行工况下由于存在浆液喷淋等影响因素,塔内烟气流速分布相对于模拟的结果会更趋于平均一些。由于集液盘的存在,使流经附近的烟气流速升高,在集液盘下方,向上流动的烟气受集液盘的阻挡流速降低并形成涡流,浆液液滴随烟气撞击附着在集液盘下方的喷淋层管壁外部。

　　为了进一步确定集液盘的存在对脱硫塔内部烟气流速分布带来的影响,对除去集液盘后的单塔单循环脱硫塔进行数值模拟和对比。从图 7-5 所示的结果中不难发现,在没有集液盘存在时,仅有脱硫塔底部原烟气入口附近区域流速分布不均,而脱硫塔内上方大部分区域流速分布较为平均。然而图 7-6 中显示，集液盘的存在使得脱硫塔内烟气流速分布更为不均，集液盘两侧烟气流速升高，在集液盘下方，向上流动的烟气受集液盘的阻挡流速降低并形成涡流。集液盘脱硫塔内部烟气流动分布的不均匀，对脱硫塔的稳定运行和脱硫效率存在一定的影响，也成为脱硫塔喷淋层发生结垢的主要原因。

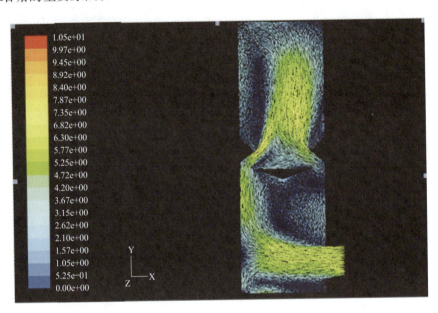

图 7-3　烟气入口中心截面烟气分布情况

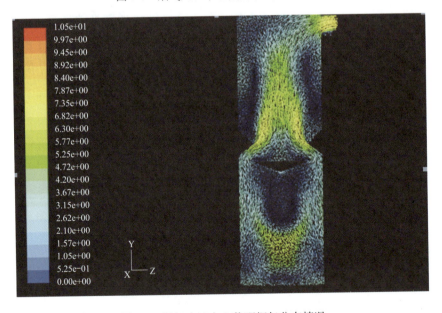

图 7-4　烟气出口中心截面烟气分布情况

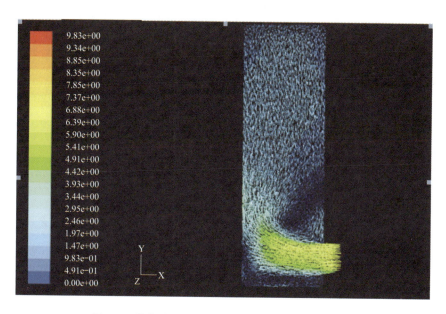

图 7-5　单塔单循环烟气入口中心截面烟气分布情况

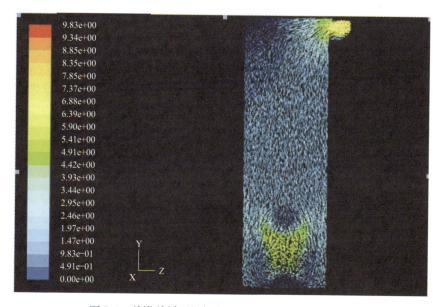

图 7-6　单塔单循环烟气出口中心截面烟气分布情况

二、对策措施

针对燃煤电厂超低排放后脱硫吸收塔喷淋层结垢的问题，提出如下对策措施：

（1）脱硫塔集液盘下部喷淋层上方增设冲洗系统，对集液盘下部和喷淋层管道外壁进行及时冲洗。冲洗结垢一般选用喷嘴装置，采用小角度多喷嘴的形式，冲洗方式采用连续冲洗或间隔冲洗，间隔冲洗周期一般小于 30min，冲洗水压不宜过大。

（2）对脱硫塔塔壁局部腐蚀穿孔位置进行修补，并进行防腐处理，适当调整最高喷淋层喷嘴的喷射角度，减少对塔壁的冲刷。

（3）氧化空气各支管在加装冷却水管的基础上，可考虑增加管内冲洗系统，采用 0.1～0.3MPa 的水进行间隔冲洗。

（4）更换浆液循环泵叶片，并对原有的浆液循环泵工作状况进行重新计算，若实际工况与设计工况差距过大，应考虑改变叶片工作参数或更换浆液循环泵。运行过程中密切关注浆液循环泵的运行电流和振动情况，以便及时发现异常情况。

（5）加装浆液 pH 值监测仪表，并通过电厂 DCS 系统实现脱硫塔的自动化运行，严格控制浆液 pH 值运行在正常范围内，并加强 pH 仪表的日常维护，保证测量准确性。

（6）严格控制脱硫塔各项运行指标，保证浆液 pH 值、浆液密度、石灰石浆液细度、石灰石成分等各项参数均在要求的范围之内。当参数超过限值时，及时查找原因并予以解决。例如石灰石浆液细度超标时，及时检查球磨机等设备的工作状态，解决出现的相关问题，保证出口石灰石浆液细度满足要求。

第三节　超低排放改造后脱硫塔氧化风管堵塞问题

一、问题及原因分析

某热电有限公司 1 号机组在停机检查过程中发现塔壁局部防腐玻璃鳞片脱落且塔体已腐蚀穿孔，除雾器结垢堵塞严重，氧化风管出现堵塞的现象，脱硫塔底部出现较多沉积物。

现场检查过程中主要发现以下问题：①三个氧化风管出口处均发生不同程度的堵塞现象。②氧化风机运行时，其出口风温可高达 100 ℃，虽然氧化风机各支管上都装有冷却水管，但当降温水流量不足时，氧化风管在氧化空气温度仍较高。③在氧化风管出口，由于氧化空气的温度较高，使部分浆液水分瞬间蒸发附着在氧化风管内壁，形成湿-干混合结垢。附着的浆液在高温和风力作用下脱水结块，随着时间的增加，沉积的垢层从管壁不断向中心区域沉积，逐渐形成了氧化风管的大面积堵塞，并形成四周厚中间薄的堵塞情况。④当氧化风管发生堵塞后，氧化风机负荷增加，发热量变大，威胁到设备的安全正常运行。氧化风管的堵塞也会使浆液池内氧化风量降低，影响最终石膏产品的质量。

分析脱硫塔氧化风管堵塞的原因，主要是由以下几个方面因素共同作用下引起的：①脱硫塔改造后浆液循环泵的实际工作扬程降低 6.45m，造成其运行流量增大，振动加大。而氧化风机入口管道与浆液循环泵入口距离仅为 2m 左右，在入口滤网被块状结垢堵塞或吸入的浆液内混有气泡时，循环泵极易发生气蚀，更加剧了浆液循环泵的振动，从而造成入口滤网的部分脱落、入口附近防腐层破坏等严重后果。近一年的运行数据显示，浆液循环泵工作电流一直处于波动状态，分析认为该循环泵在机组启动初期就已发生气蚀。②氧化风管出口处是"湿-干"结垢，氧化风机运行时出口风温较高，使得由于氧化空气的冲击而附着在氧化风管内壁的石膏浆液很快脱水结块，随着时间的增加逐渐形成氧化风管出口处的大面积堵塞。③氧化风冷却水未投运，造成氧化风管道结垢。④管线设计不合理，氧化风机长期停运或故障停运后浆液在氧化风管道内沉积造成堵塞。⑤冬季氧化风机停运后，裸露在空气中的管道中浆液冻结造成堵塞。

二、对策措施

（一）增强运行管理规范性

（1）加大氧化风管减温水水量，可考虑增加管内冲洗系统，间隔冲洗，间隔冲洗周期不大于 20min（冲洗水量通过计算或者试验定）。

（2）在保证浆液密度在标准范围值内的同时，可以将吸收塔液位降低一定数值，以保障氧化风机压力穿透能力，避免浆液倒流沉积。

（3）控制减温水量，控制吸收液中水分的蒸发速度和蒸发量，控制溶液的 pH 值，控制溶液中易于结晶的物质不要过饱和，保持溶液有一定的晶种，以降低设备发生结垢及堵塞的风险。

（4）严格控制脱硫塔氧化风机相关的各项运行指标，各项参数均在要求的范围之内。当参数超过限值时，及时查找原因并予以解决。

（5）吸收塔运行过程中减少氧化风的停供时间。注意氧化风冷却水运行情况，加强运行巡检力度。利用技改对氧化风管道进行调整，杜绝出现浆液倒流。

（6）定期启动氧化风机，冬季 AFT 塔氧化风机需长期启动。

（二）氧化风管外部和内部采用超声波除垢设备

超声波的除垢作用主要是由超声空化作用及剪切作用引起的。超声波的空化作用产生的高速微射流使振动气泡表面处在很高的速度梯度，这种应力足以破坏固体表面的垢层而使其脱落。此外，由于金属与之直接接触的垢层的传播物理性状不同，所以产生速度差，金属与垢层之间产生了微冲性的剪切力和推斥力，使垢质破碎脱落。

超声波除垢原理见图 7-7。

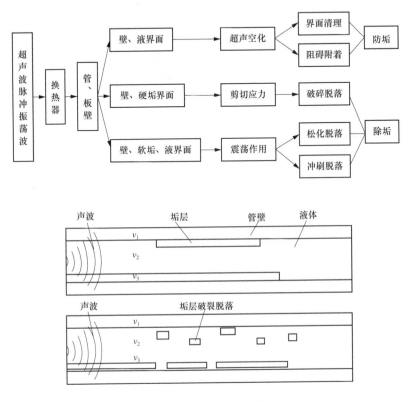

图 7-7　超声波除垢机理

安装形式主要有插入式（换能器与液体接触）和焊接式（换能器与液体不接触）。焊接式通过焊好的导波装置，实现超声波对管壁的机械作用，达到防除垢效果，可实现在线安装。超声波除垢安装形式见图 7-8。

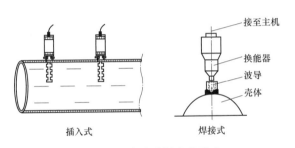

图 7-8　超声波除垢安装形式

第四节　超低排放改造后脱硫塔除雾器结垢问题

一、问题及原因分析

燃煤电厂超低排放改造后，除了上述的脱硫吸收塔喷淋层喷嘴、喷淋层、氧化风管等容易堵塞之外，由于浆液中氯离子或亚硫酸盐含量超标，也容易导致脱硫设备容器或管道内壁结垢，严重时会影响设备正常运行。结垢最严重的部位一般是滤液水系统和旋流器稀浆管道，以及一些浆液箱、吸收塔接口管根部位。曾有多个电厂真空泵内结垢导致真空泵皮带损坏。

某电厂4号机组脱硫系统在运行中，发生过除雾器严重积垢的问题。除雾器的压差由原有的不到100 Pa上升到400 Pa，并且有迅速升高的趋势，加强冲洗已无法恢复正常值，严重威胁设备系统的安全，系统停运后检查除雾器，积垢已非常严重。

造成除雾器结垢和堵塞的原因有很多，除受除雾器自身的叶型、冲洗水压、冲洗水量、冲洗覆盖率、冲洗周期影响外，还与化学反应过程、被处理烟气的含固量、烟气流速和其他外因有关。其中化学反应过程对除雾器的运行性能有很大的影响，当烟气通过除湿装置时，其中的二氧化硫与除雾器表面的浆液会发生二氧化硫的吸收反应，会形成大量的亚硫酸盐和硫酸盐，经过一定时间以后将会发生结垢现象。

（1）从除雾器各级叶片结垢的情况来看，喷淋层喷嘴堵塞往往是除雾器叶片结垢的主要原因。喷淋层喷嘴大面积堵塞，烟气携带大量浆液颗粒上行，这部分烟气温度相对较高，很容易将灰垢留在叶片上。这时如果还按原有的冲洗频率、冲洗水量冲洗，已经不能满足除雾器叶片的冲洗需要。积灰迅速在S型叶片的腰中堆积，这部分积灰在叶片上结晶产生石膏垢，在只有0.2MPa左右的冲洗水压下，已很难将除雾器彻底冲洗干净，除雾器工况持续恶化，最终导致除雾器压差严重超标。

（2）在检查中发现，第一级除雾器迎风面叶片屋脊顶部最为严重，这与除雾器冲洗喷嘴冲洗模型有一定关系。设计要求喷嘴与叶片最大距离在1m以内，而喷嘴距屋脊处的距离较远，冲洗效果相对较差，冲洗不足的部位易形成结垢。一旦叶片上形成晶粒基体，很快会在此基础上长大，这是除雾器屋脊顶部易结垢的主要原因。

（3）在运行中，烟气的流速对除雾器的性能有很大的影响。保持较高的烟气流速可以得到较好的分离效果，但一旦超过临界流速会造成除雾器液滴二次携带。

（4）除雾器塔体处的结垢是除雾器叶片结晶物的外延，靠近塔体的叶片上石膏缓慢地生长，最终扩展到塔体上，并进一步生长产生大量的结垢。

（5）检查除雾器冲洗模型，部分喷嘴喷出的为水柱，并不是扩散开的水幕，不能有效覆盖叶片，存在盲区。

二、对策措施

（1）控制煤质，尤其是煤质的灰含量。严格控制烟气中的含尘量，减轻灰尘对脱硫系统的污染；控制石灰石的品质（控制 $MgCO_3$ 等杂质的含量、粒径和活性）；加强除尘器的除尘效率，加强除尘器的管理，提高除尘器的效率和可靠性。

（2）利用停炉机会，采用人工敲打方式对除雾器叶片进行彻底清理，并逐一检查除雾冲洗喷嘴，更换损坏喷嘴，确保除雾器的冲洗效果。

（3）保证除雾器冲洗水系统正常（冲洗水系统可增加超声除垢系统）；保证氧化风量；pH 值控制在合适范围内（4.5～5.5 之间）；改善浆液品质，提高浆液搅拌；Cl^- 浓度小于 20000×10^{-6}。

（4）尽量消除除雾器的结垢现象。一般情况下，除雾器发生结垢的原因是在氧化程度低下的情况，甚至无氧化发生的条件下容易生成的一种反应物 $Ca(SO_3)_{0.8}(SO_4)_{0.21}/2H_2O$，称为 CSS 软垢，使系统发生堵塞。而控制氧化是目前采取的一个有效方法。试验研究证明，当亚硫酸钙的氧化率为 15%～95%、钙的利用率低于 80% 时，硫酸钙容易结垢，采用抑制或强制氧化的方法将氧化率控制在小于 15% 或大于 95%，可有效控制硫酸钙结垢。

（5）采取有效措施，保证喷淋层喷嘴可靠运行，使浆液均匀完整地覆盖喷淋层，减少热烟气逃逸和浆液过量携带。

（6）第一级除雾器叶片的负载最大，后面的叶片负担相对较轻。因此，修改除雾器冲洗功能组，增加第一级冲洗的频率和冲洗时长，调整合适的二级冲洗模式，达到最佳的冲洗效果。

（7）通过运行调节，尽量保证除雾器在合适的参数状态下运行，以保证达到最好除雾性能，并保证除雾器不发生结垢和堵塞。合理控制吸收塔浆液池的液位，确保除雾器能及时冲洗。

（8）定期检验除雾器的压差变送器，为运行提供准确的判断，及时采取措施，确保除雾器在清洁的状态下运行。

（9）除雾器之间增加大功率声波除垢器。

第五节　超低排放改造后脱硫塔溢流返浆和吸收塔浆液品质下降问题

一、问题及原因分析

某热电有限公司于 2016 年进行了超低排放改造，将脱硫系统的单塔单循环改为双塔单循环，在脱硫出口增加湿式电除尘器。改造完成后，调试运行过程中，脱硫吸收塔发生溢流，溢流液含有大量黑色含油泡沫或黄白色泡沫产生，运行人员向吸收塔加入大量消泡剂，吸收塔仍起泡溢流严重。具体见图 7-9。

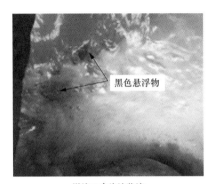
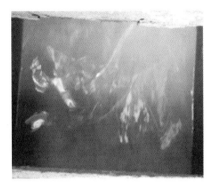

溢流口含泡沫浆液　　　　　　　　　　　流动2m后浆液

图 7-9　脱硫吸收塔溢流情况

对石膏和溢流泡沫化验分析如表 7-1 所示。

表 7-1　　　　　　　　　　　石膏和溢流泡沫化验分析

项目	SO₃	SO₂	CaCO₃	SiO₂	Al₂O₃	Fe₂O₃	灼烧减量（850℃）	TiO₂	MgO	K₂O
	%	%	%	%	%	%	%	%	%	%
石膏	34.8	0.08	17.4	2.25	0.98	0.22	26.0	—	—	—
溢流泡沫	1.41	—	—	32.3	11.8	24.6	44.1	1.25	14.1	5.01

由化验结果可知石膏中 $CaCO_3$ 含量过高（一般控制在 3% 以下），导致石灰石利用率低；溢流泡沫灼烧减量（850 ℃）大，说明含有机物或碳含量高，根据相关研究有机物含量高容易引起吸收塔起泡；泡沫中杂质明显偏高，铁、镁、钾、钛元素较高，金属元素偏高也容易产生泡沫。吸收塔浆液上清液化验氯离子为 11000mg/L，镁离子为 8767.5mg/L，AFT 塔上清液氯离子为 2006.5mg/L，镁离子为 1807.5mg/L，数值均在正常范围。

浆液起泡与吸收塔浆液品质下降原因分析如下：

（1）当锅炉短时间投油时，吸收塔浆液容易发生起泡现象，造成液位虚高，使浆液从高位溢流管排出进入吸收塔坑后又重新回到吸收塔内。油污如果不能排出系统，长时间富集，会造成浆液品质恶化，浆液颜色变黑，起泡严重。调试期间，机组投油助燃，未燃尽油分进入吸收塔，造成吸收塔浆液溢流严重，溢流浆液中有大量黑色含油泡沫。

（2）电厂当月进厂石灰石含有油污，氧化钙含量一般在 50% 以下，纯度偏低，杂质含量高，杂质和油污进入吸收塔后，不能与烟气发生反应，需排出脱硫系统。由于电厂未投运脱硫废水处理设备，杂质和油污在脱硫系统中循环积累，造成吸收塔品质下降，容易引起浆液起泡。

（3）超低排放改造后，电厂脱硫进口烟尘一般在 $25\sim30\text{mg/m}^3$，脱硫系统后增加湿式电除尘器，控制出口烟尘指标在 5mg/m^3 以下，湿式电除尘器冲洗水进入吸收塔，使吸收塔内杂质含量增加，浆液品质下降，湿式电除尘器去除的细小颗粒更容易引起浆液起泡。

（4）电厂脱硫系统冷却水和制浆水来自工业水，水质有机物含量高，经测 CODcr（重铬酸盐指数）达到 488mg/L，按照《污水综合排放标准》（GB 8978—1996），CODcr 指标应控制在 100mg/L 以下。根据相关研究资料，有机物过多易引起浆液起泡。经超低排放改造后电厂工业水用量增加，带入吸收塔的有机物增多，不能及时排出，引起浆液品质下降，浆液变黑起泡。

（5）电厂脱硫废水处理装置因设备故障等原因，一直未正常投运，导致浆液中惰性杂质无法排出，不断在浆液中积累，使浆液品质下降，引起浆液起泡等现象。对脱硫废水系统检查发现存在以下问题：①脱硫废水进口取样点布置不合适，取样点设在石膏旋流器溢流管至吸收塔段的下降位置，且高于吸收塔液位，取样点管段没有满流，采用废水泵抽取时流量达不到要求，且废水泵容易发生汽蚀。②澄清池刮泥机无刮泥板，池内泥浆已经满池，需清理。③废水旋流器缺少旋流子，影响正常使用。

二、对策措施

（1）当吸收塔溢流严重时，可临时采取停运一台循环泵或降低风机出力，以减少吸收塔内浆液扰动。

（2）恢复脱硫废水系统的正常运行，及时排放脱硫废水，使杂质和油污能够排出脱硫系统，避免在吸收塔内累积。

（3）隔离溢流浆液，避免溢流浆液返回吸收塔内，最大限度地置换恶化浆液。

（4）检查吸收塔液位是否准确，检查溢流管排气孔是否堵塞，防止虹吸现象发生。控制脱硫系统的水平衡，适当降低吸收塔运行液位，控制在9.5m左右。减少低负荷时补水量，优化超低排放改造后补水时间，避免同一时间向吸收塔集中排水。

（5）加强进厂石灰石质量监控，避免不合格的石灰石进入脱硫系统，影响浆液品质。

（6）适当加入消泡剂，利用化学方法，使消泡剂与油污发生化学反应，将有机物质分解，达到消除油污对浆液品质及系统安全运行的隐患。加入方法为：以"少食多餐"的方法加入，也就是增加投入的频率，减少每次投入量，一次加入量不能过多，否则可能会使脱硫率下降且短时间无法恢复。在保证正常供浆量和控制好吸收塔液位的前提下降低石膏排放密度控制值，加快石膏排出量，使吸收塔内浆液尽量保持"新鲜"。

（7）保证良好的外部运营环境。如禁止长期投油运行FGD系统，降低进入FGD系统的烟尘含量，控制循环冷却水有机物含量。

第六节 超低排放改造后脱硫塔氯离子高问题

一、问题及原因分析

某热电有限公司机组超低排放改造完成投入运行后，脱硫塔浆液氯离子含量达到20000mg/L以上，最高时达到30000mg/L左右。浆液中氯离子含量过高不但影响脱硫运行，同时也给设备的安全带来隐患。

对燃煤电厂脱硫系统现场进行了检查与分析，并对进出脱硫系统的氯离子进行物料衡算。目前脱硫系统用水采用两路水源：工业水和化学水处理系统废水。进入脱硫系统的氯离子物料主要有三个方面：①烟气携带的物料；②脱硫用水；③石灰石携带的物料。脱硫系统产出的氯离子物料主要有三个方面：①经过脱硫塔后烟气携带的物料；②脱硫废水所携带的物料；③石膏所携带的物料。

根据物料平衡，"脱硫吸收塔内累积的氯离子＝进入吸收塔烟气携带的氯离子＋脱硫用水携带的氯离子＋石灰石携带的氯离子-吸收塔出口烟气携带的氯离子-石膏携带的氯离子-脱硫废水携带的氯离子"。其中进出脱硫塔的氯化氢通过对烟气进行吸收测试浓度，再根据烟气量计算总量。脱硫用水通过化验化学制水废水和工业水氯离子浓度，再根据水量计算氯离子总量。石膏携带的氯离子通过化验氯离子浓度，再根据石膏排出量计算氯离子总量。石灰石中氯离子含量根据经验可以忽略不计。

（1）在机组负荷及脱硫装置运行稳定时，测量原烟气、净烟气中氯化氢浓度，依据标准《燃煤烟气脱硫设备性能测试方法》（GB/T 21508—2008）和《固定污染源排气中颗粒物测定与气态污染物采样方法》（GB/T 16157—1996）。经检测，脱硫入口烟气中 HCl 浓度为 43.50mg/m³（标准状态干基，实测氧），烟气量为 598300mg/m³（标准状态干基，实测氧）。经计算脱硫入口氯离子的质量为 26.03kg/h。

（2）脱硫出口烟气中 HCl 浓度为 4.45mg/m³（标准状态干基，实测氧），烟气量为 864700m³/h（标准状态干基，实测氧）。经计算脱硫入口氯离子的质量为 3.85kg/h。

（3）脱硫系统化学制水废水平均补水量为 28.95t/h，氯离子的平均浓度为 397mg/L，经计算化学制水废水中氯离子含量为 11.49kg/h。脱硫系统工业水平均补水量为 21.02t/h，氯离子的平均浓度为 323mg/L，经计算化学制水废水中氯离子含量为 6.79kg/h。

（4）石膏排出量为 10.29t/h，石膏中氯离子浓度为 530mg/kg，经计算石膏携带的氯离子量为 5.45kg/h。

（5）硫废水外排量为 0.59m³/h。脱硫废水中氯离子浓度为 21431mg/L，经计算脱硫废水外排的氯离子质量为 12.64kg/h。

脱硫塔氯离子物料平衡计算表见表 7-2。

表 7-2　　　　　　　　　　　脱硫塔氯离子物料衡计算平衡表

	每小时脱硫系统氯离子带入量				每小时脱硫系统氯离子带出量		
烟气带入	烟气量 (m³/h)	HCl 浓度 (mg/m³)	结果 (kg)	烟气带出	烟气量 (m³/h)	HCl 浓度 (mg/m³)	结果 (kg)
	59.83×10⁴	43.5	26.03		86.47	4.45	3.85
脱硫用水	水量 (m³/h)	Cl⁻浓度 (mg/L)	结果 (kg)	石膏带出	石膏产量 (t/h)	石膏 Cl⁻ (mg/kg)	结果 (kg)
	28.95+21.02	397+323	18.28		10.29	530	5.45
石灰石带入	—	—	—	脱硫废水带出	废水量 (m³/h)	废水 Cl⁻ (mg/L)	结果 (kg)
					0.59	21431	12.64
合计	44.31			合计	21.94		
累积	22.37						

通过分析计算可以得出如下结论：

（1）脱硫吸收塔内氯离子居高不下的原因是排入脱硫塔的氯离子量大于排出脱硫塔的氯离子量，造成进出不平衡，在脱硫塔内形成累积。

（2）脱硫用水一部分取自化学制水系统废水，主要由反渗透浓水、化学阴阳床和混床的再生水组成，阳树脂再生时利用盐酸再生，置换出大量的氯离子。在试验期间化学制水系统进行了树脂再生，导致氯离子波动。通过查看化学制水系统树脂再生记录和脱硫塔浆液氯离子化验记录，在化学系统树脂再生后脱硫塔浆液氯离子含量总能达到一个峰值，出现了一一对应的关系。由此可见，化学制水系统阳树脂利用盐酸再生置换出大量的氯离子，然后在脱硫塔聚集也是造成脱硫吸收塔内氯离子含量较高的原因。

二、对策措施

（1）更换脱硫系统工艺水水源，将化学制水系统反渗透浓水和树脂再生废水更换为超滤冲洗水，减少进入脱硫塔工艺水携带的氯离子。

（2）降低吸收塔氯离子量，需提高离开吸收塔的氯离子量，使排出量大于进入量。因脱硫废水来自石膏旋流站溢流，在目前的运行工况下，如果要保证进出脱硫塔的氯离子得到平衡，最长效的办法是将废水收集管道增容，增大废水收集量，将废水外排量由 $0.59m^3/h$ 提高至 $1.65m^3/h$。

（3）在目前不能实现废水收集管道增容的情况下，降低吸收塔氯离子浓度最有效的办法是：石膏旋流站溢流处连接管道，将旋流站溢流浆液外排至废水池（进行处理后外排或者回用），外排量为 $2.5\sim4.0m^3/h$。

第七节　超低排放改造后湿法脱硫对生态环境影响

一、问题及原因分析

我国火电行业烟气脱硫方法以石灰石-石膏湿法脱硫为主，据统计 2017 年火电行业采用石灰石-石膏湿法脱硫的装机容量占比 93％左右。这种较单一的脱硫方式决定了我国脱硫所采用的石灰石原料量巨大，每年石灰石消耗量为 5000 万 t 左右。常年如此大规模地对石灰石矿的开采必然会对地方生态破坏带来较严重的负面影响。

石灰石开采一方面对开采地的生态环境会产生一定的负面影响，因此各地出于生态环境保护原因，限制石灰石的开采，难以采购到高品质的石灰石；另一方面随着建筑行业的萎缩导致脱硫副产物石膏的利用率逐年降低，大量废弃石膏难以出售处置，填埋也会对生态环境产生一定的负面影响。

世界很多国家使用石灰石湿法脱硫的比例也很高，但是因为其煤电总装机容量不大，所以消耗的资源与产生的脱硫石膏总量均不大。所以，我国要根据具体国情采取多样脱硫方式并用的方式，因地制宜。

二、对策措施

（1）进一步从机制及技术层面提高要求，实现火电大气污染物的协同治理。由于当前我国包括火电在内的工业行业存在单因子治理模式，即重点治理某一个污染物而对其余污染物的协同治理仍然不够。所以，单从电力行业减排而言，建议在机制层面，要对引导多污染物联合控制技术提出权威、明确的要求，同时加强燃料质量控制，强化运行管理，完善技术标准体系，开展技术评估。并尽早将火电二氧化碳总量控制提上议事日程，尽早制定出台火电二氧化碳减排战略，在温室气体减排方面为我国全行业建立示范作用。在技术层面，以环境质量实实在在改善为唯一目标，充分利用污染物协同控制技术，优化控制流程和工艺，提前重视对超细颗粒物以及温室气体的控制，协调不同污染物控制技术以发挥最佳效果。同时，单靠不断加大对电力行业的约束力度不能解决根本性问题，协同加强对其他高污染行业的控制应引起更高的重视，坚持区域性与行业性总量控制相结合。

（2）针对我国国情，建议对火电脱硫方式的多元化、资源化进行研究。虽然在我国湿法脱硫已经非常成熟，但是考虑到仍存在很多问题，主要集中在原材料及脱硫石膏对生态的破坏、二氧化碳排放等多方面，所以有必要对火电烟气脱硫技术进行优化设计，未来需要加大对资源化、循环经济的脱硫新工艺、新方法的研发与示范。建议在火电烟气脱硫方面进行技术革新，对潜在的更先进脱硫技术予以研究，实现我国火电脱硫方式的多元化与资源化。

为了避免二次污染，充分利用硫资源，建议可以根据项目实际情况，因地制宜、因时制宜，考虑采用经济效益更好、更合适的脱硫方法，也可对如何回收单质硫技术进行研究。同时，为了适应将来的火电脱硫、脱氮、脱碳的大形势，建议电力部门与环保部门一起，前瞻性地研究火电烟气脱硫、脱氮、脱碳一体化的技术与方案，作为当前单一脱硫方式、脱硝方式的战略性补充。

（3）对于目前湿法脱硫使用比例最高的石灰石-石膏脱硫，需要进一步开展脱硫石膏副产品综合利用工作，实现火电循环经济发展。与发达国家相比，我国脱硫石膏的生产、研究历史还较短，对其性能和应用技术的研究也处于发展与提高阶段。因而从这一角度来看，我国火电脱硫石膏的综合利用进度受到了直接影响。因此，建议政府相关部门从政策、经济上采取措施，加大对脱硫石膏综合利用的支持力度，提高脱硫副产品综合利用率，并从技术应用方面对现行火电脱硫石膏综合利用难的问题提供解决办法。

由于我国不同区域综合利用的潜力不一样，所以建议按照区域进行划分，提出不同的要求。在长三角、珠三角、京津塘等地区，由于天然石膏资源较匮乏，并且开采成本较高，所以建议政策要求脱硫石膏100%综合利用；在经济较为发达的地区，例如山东、湖北等省，这些地区天然石膏资源丰富，可以利用一定的经济政策（如财政补贴、加大采矿企业的资源税等）大幅度提高脱硫石膏利用率；在经济欠发达，同时天然石膏资源也丰富的地区，例如宁夏、青海、甘肃等省，则以鼓励利用脱硫石膏为主。

同时，建议政府部门对天然石膏的开采实施更严厉的财政政策（如开征资源税、生态补偿等），对脱硫石膏综合利用予以财政补助，以鼓励企业更多利用脱硫石膏。从煤电企业自身角度，则建议要加强对自身脱硫装置的运行管理，提高脱硫石膏品质，积极为脱硫石膏的综合利用创造条件。

第八章

燃煤电厂超低排放相关的脱硝实践问题

近年来，通过对燃煤电厂脱硝设施运行状态评价，虽然氮氧化物达到超低排放要求普遍没有问题，但是也能发现脱硝设施在超低排放改造和运行过程中存在着诸多共性问题。比如我国燃煤机组负荷变化频繁，许多火电机组参与电网调峰，甚至深度调峰的机组负荷变化范围更大，调峰频率次更多，导致脱硝设施投运率低。此外，温度场、速度场、浓度场等流场不均导致区域温度、流速、浓度多维度场不均匀，从而导致脱硝性能偏离设计值也是普遍问题。本章主要从脱硝超低排放改造和运行维护过程中存在的共性问题入手，分析了问题产生的原因，并提出针对性对策措施。

🏭 第一节　脱硝设施入口氮氧化物浓度高的问题

一、问题及原因分析

针对 W 火焰炉的特点，W 火焰锅炉火焰中心温度通常在 1600℃ 以上，比四角切圆炉型炉温高约 200～300℃，氮氧化物生成浓度高达 1500mg/m³ 以上。低氮燃烧器不能有效降低锅炉出口氮氧化物浓度，增加了脱硝超低排放技术的难度，对脱硝设施造成了较大压力。

二、对策措施

为满足净烟气氮氧化物超低排放要求，可从以下两个方面考虑：

（1）采用 SNCR＋SCR 组合技术，在锅炉出口合适位置，将尿素溶液喷入烟气，在合适的温度窗口条件下，尿素溶液在高温下分解产生氨气。一方面，将锅炉烟气中的氮氧化物部分非催化还原；另一方面，未参与反应的氨气与烟气混合后，进入脱硝设施，在催化剂作用下与氮氧化物进行还原反应。代表性业绩包括华能伊敏电厂、山西阳城电厂。

（2）加强燃煤煤质管控和燃烧优化调整，注重制粉系统、燃烧系统和脱硝系统协同优化调整，使得锅炉出口氮氧化物浓度满足设计要求，减轻脱硝系统压力。

采用组合技术需重点关注两个问题：①SNCR 脱硝效率低；②产生的氨与烟气混合不均匀，进入 SCR 脱硝系统反应时易造成氨逃逸严重。

第二节　全负荷脱硝氮氧化物超标的问题

一、问题及原因分析

近年来，由于机组灵活性改造、机组利用小时数低等方面的影响，燃煤机组低负荷条件下运行时间增加，使得脱硝入口烟气温度不能满足脱硝催化剂投运温度条件，导致总排口氮氧化物浓度超标。同时，氮氧化物达标排放率不能满足有关要求。原环境保护部《关于火电厂SCR脱硝系统在锅炉低负荷运行情况下 NO_x 排放超标有关问题的复函》（环函〔2015〕143 号）指出，《火电厂大气污染物排放标准》（GB 13223—2011）是国家强制标准，火电厂在任何运行负荷时，都必须达标排放。脱硝系统无法运行导致的氮氧化物排放浓度高于排放限值要求的，应认定为超标排放，并依法予以处罚。为脱硝设施在机组低负荷条件下能够投运，有必要对其进行改造，主要目的就是提高脱硝入口烟气温度，使其满足脱硝催化剂投运温度条件。

燃煤锅炉低负荷运行，造成烟气温度下降，对脱硝系统主要带来下列三个方面的问题：

（1）烟气温度低于催化剂的反应温度时，NH_3 与三氧化硫和 H_2O 反应生成 $(NH_4)_2SO_4$ 或 NH_4HSO_4，减少了与氮氧化物的反应概率；而且生成物附着在催化剂表面，易引起积灰进而堵塞催化剂的通道和微孔，降低催化剂的活性和脱硝效率。

（2）SCR 系统设置最低运行温度的目的是防止生成硫酸氢铵堵塞催化剂孔隙，降低催化剂活性，但同时也会带来机组低负荷时 SCR 系统入口烟温低于最低运行温度而不能启动运行的问题。

（3）若在低负荷运行时，将脱硝装置进口的设计烟温提高到满足催化剂的要求，则在高负荷时进口烟温会更高，引起排放温度高，锅炉效率降低，煤耗量增大。一般情况下都按照高负荷时满足较低的排烟温度来进行设计，这将致使电厂在低负荷只能将脱硝装置解列运行。这显然不能满足燃煤电厂氮氧化物超低排放要求。

二、对策措施

（一）低温 SCR 催化剂研究

其原理与传统的 SCR 工艺基本相同，两者最大的区别是传统 SCR 法布置在省煤器和空气预热器之间高温（300～450℃）、高尘端（20～50g/m^3）；而低温 SCR 法布置在锅炉尾部除尘器后或引风机后、FGD 前的低温（100～200℃）、低尘端（小于200mg/m^3），可大大减小反应器的体积，改善催化剂运行环境，具有明显的技术经济优势，是具有与传统 SCR 竞争的技术，是现役机组的脱硝改造性价比更高的技术。

新型低温催化剂开发适应国内低负荷运行的需要，克服了现有高温催化剂的缺点，主要集中在下列两个研究方向：①针对不同的载体，如炭材料、贵金属、金属氧化物和分子筛等，研究开发高效的低温 SCR 催化剂。②SCR 催化剂原材料表面改性技术和配方。即调整低温催化剂表面酸碱性，以期获得较多的活性基团，提高催化活性。如非金属元素 N、F 掺杂对催化剂改性。

清华大学、国电环境保护研究院、环保部华南环境科学研究所、北京方信立华科技有限公司等知名高等院校、科研机构和企业均开展了相关研究工作，取得了一定的研究进展，部分业绩见表 8-1。

表 8-1　　　　　　低温 SCR 技术在不同领域烟气治理中的应用业绩

项目名称	处理烟气量（m^3/h）	运行温度（℃）	脱硝效率（%）	催化剂类型及供应商
广州钢铁厂自备电厂锅炉	310000	170	≥60	蜂窝式：V-Mo-TiO$_2$或 V-W-TiO$_2$（北京方信立华科技有限公司）
东营齐润化工有限公司 60 万 t/年重油提取装置烟气脱硝工程	100000	220	>70	
云南钛业酸洗线	8400	170	>90	
广州市增城市某企业30t/h 循环流化床锅炉	2000～5000	115～132	30～50	蜂窝式，钒钛催化剂（中国科学院生态环境研究中心和清华大学）

虽然低温 SCR 工艺研究取得了一定的进展，但是与成熟的 SCR 技术相比，离大规模工业化运用仍然存在较大的差距。主要制约因素有以下两点：

（1）低温 SCR 技术虽然在不同烟气治理领域取得了一定的业绩，但大部分的研究工作仍处于实验室阶段。

（2）大多数低温催化剂在短时无硫、无水的条件下催化活性比较理想。但在实际工况中，烟气中含有大量的二氧化硫、水蒸气等物质，对低温催化剂的活性产生了较大的影响。一方面，水蒸气与 NH_3 和一氧化氮发生竞争吸附，影响催化活性点位；另一方面，由于水蒸气存在使得硫酸铵盐在低温催化剂表面沉积速率加快，导致催化剂微孔堵塞，从而降低了低温催化剂的活性。

因此，研究和开发具有较好的热稳定性、较宽的活性温度区间和优良的抗水抗硫性能的催化剂成为目前主要的研究方向。为了满足实际工业应用和降低成本，需加快以新型材料为载体的低温催化剂的研究力度，深入研究催化剂的水抑制作用和抗硫中毒机理，进一步提高催化剂的稳定性和低温活性。

（二）"增量机组"（即新建机组）脱硝系统低负荷应对措施研究

针对"增量"机组即新建机组的脱硝设施，主要有以下两种技术手段，使其具备全时段脱硝运行的条件：

（1）设置多级省煤器，增加空气预热器热负荷。对于"增量机组"，在设计时可以采用重新分配受热面，如采用多级省煤器技术，将 SCR 放在两级省煤器之间；同时可以重新考虑空气预热器换热量，增加空气预热器换热面积，提高省煤器出口烟气温度，实现低负荷脱硝设施投运。

（2）设置零号高价，提高给水温度。增加一级加热器，利用主蒸汽或者三级抽汽高温热源加热给水，通过提高给水温度达到省煤器出口温度升高的目的，从而提高 SCR 入口烟气温度，满足低负荷状态下脱硝投运条件。

（三）"存量机组"（即已有机组）脱硝系统应对措施研究

要以"增量"机组脱硝技术创新驱动"存量"脱硝设施技术的升级，持续提高现役机组"存量"脱硝设施低负荷投运技术水平，主要有设置省煤器烟气旁路、设置省煤器给水旁路、分级布置省煤器、弹性回热技术以及锅炉设计改造等改造技术方案。

1. 设置省煤器烟气旁路

设置省煤器烟气旁路的直接目的就是提高 SCR 入口烟气温度，以达到机组低负荷运行时脱硝设施投运的温度条件。通过数值模拟寻找最佳高温烟气接入点和接入方式，在省煤器入口位置的烟道上设置烟气旁路，抽取部分烟气输送至 SCR 入口处。在烟气旁路烟道上设置挡板门，在高负荷时，关闭挡板门；低负荷时，调节挡板门的开度，从而达到控制中温烟气与省煤器出口的烟气混合以满足 SCR 装置投运的最低烟气温度条件。

优缺点分析如下：投资成本低，技术方案简单；但是安全稳定性、可靠性较差。若机组低负荷运行情况较少，挡板门处于高尘环境下长期关闭，可能导致积灰、卡涩等现象。若机组长期在低负荷运行，此方案具有一定优势。

2. 设置省煤器给水旁路

设置省煤器给水旁路的最终目的同样是提高 SCR 装置入口烟气温度。当机组低负荷运行时，部分省煤器给水通过旁路给水调节阀的控制下通过旁路直接输送至省煤器出口集箱，这样减少了通过省煤器的给水量，从而降低给水在省煤器中的吸热量，进而达到提高烟气温度的目的。

存在问题分析如下：在非金属液体中，水的导热系数最大。由于省煤器换热总量基本不变，即使少量工质流量，出口的烟温也基本不变，只是提高了省煤器出口的水温。该方案需要将旁路流量选取到 50% 以上效果才显著。这样带来另外一个问题，如果需要旁路的给水量太大，将会产生省煤器内介质超温，可能会对省煤器产生气蚀，影响机组的安全运行。

3. 分级布置省煤器

基于热力学计算，将原有省煤器拆分为两部分，靠烟气下游部分拆除，在 SCR 反应器后增设一定的省煤器受热面。通过减少 SCR 反应器前省煤器的吸热量，达到提高 SCR 反应器入口烟气温度的目的。经过脱硝设施处理后的烟气进入 SCR 反应器后侧的省煤器进一步降低烟气温度，以保证后侧空气预热器的进出口温度基本不变。

优缺点分析如下：该方案的优点在于不影响锅炉整体效率的前提下提高了 SCR 入口的烟气温度。但是投资成本相对较高，受空间位置限制，具体布置方案视各电厂实际情况而定。

4. 弹性回热技术

弹性回热技术即可调式抽汽补充加热锅炉给水，在高压缸处选择一个合适的抽汽点，并相应增加一个抽汽可调式的给水加热器。在负荷降低时，通过调节门可控制该加热器的入口压力基本不变，从而能维持给水温度基本不变。

通过实施弹性回热技术，低负荷下省煤器入口水温得以提高，使其出口烟温相应上升，可确保 SCR 在全负荷范围内处于催化剂的高效区运行，真正实现了全天候脱硝。同时，弹性回热技术能够实现节能的效果，该系统使低负荷下汽轮机抽汽量增加，提高了热力系统的循环效率。除此以外，该技术还能提高锅炉低负荷燃烧效率和稳燃性能，显著提高机组的调频能力和调频经济性，确保了机组调频运行的安全性。该技术运用于上海外三电厂。

"存量机组"脱硝设施低负荷改造部分业绩见表 8-2。

表 8-2　　　"存量机组"脱硝设施满足低负荷运行条件进行的改造业绩

序号	脱硝全时段运行技术方案	代表电厂名称
1	增加 0 号高压加热器技术	神华集团国华舟山电厂 4 号机组（350MW）
2	弹性回热技术	上海外高桥第三电厂（1000MW）
3	设置省煤器烟气旁路	国电达州电厂 2×300 MW 广东大唐国际潮州发电 有限责任公司 2 号（600MW）、3 号（1000MW）机组 华润电力（海丰）有限公司（1000MW）
4	省煤器分级改造	北仑电厂 2 号机组（600MW） 广东珠海金湾发电有限公司（600MW）
5	设置省煤器给水旁路	上海电力上海上电漕泾发电有限公司

第三节　脱硝设施喷氨优化流场均布的问题

一、问题及原因分析

脱硝流场包括速度场、温度场、浓度场等。在脱硝运行过程中，流场不均主要体现在以下方面：①脱硝设施两侧反应器入口烟气量偏差超过 20%。一方面，烟气流速过高，加速对催化剂和烟道的磨损；另一方面，烟气流速低，引起烟道和催化剂堵塞。②脱硝出口氮氧化物浓度与烟囱入口氮氧化物浓度偏差较大。③脱硝反应器两侧入口氮氧化物浓度偏差较大，使得两侧喷氨量相差较大。

燃煤机组大多数参与调峰频繁，机组投入 AGC（Automatic Generation Control，自动发电控制）运行方式，入炉煤挥发分偏低，使得氮氧化物浓度波动较大，SCR 脱硝入口氮氧化物浓度超设计值，喷氨自动调节滞后，存在氮氧化物小时均值超标风险。特别是脱硝超低排放改造后，排放要求更加严格，这种情况会更加突出。

二、对策措施

1. 脱硝设施冷态调整策略

在脱硝流场均布优化调整过程中，冷态调整是优化调节的基础。①通过脱硝设施全流场 CFD 模拟，全面摸清现有脱硝设施流场分布情况，结合现场实际，合理设置和优化导流板位置和数量，提高烟气流场分布均匀性。②加强脱硝催化剂全过程寿命管理。对新更换和现役催化剂状态进行跟踪和监督；定期开展脱硝催化剂周期检测，重点关注碱金属、砷元素等微量元素中毒情况，避免其带病运行、低效运行。

2. 脱硝设施热态调整策略

为有效解决喷氨不均引起氨逃逸、SCR反应器出口与烟囱入口氮氧化物存在浓度偏差等问题，完全有必要对脱硝喷氨进行热态优化调整。采用网格状多点在线监测及取样系统，可实现对烟气脱硝反应器断面温度场、流速速度场、氮氧化物浓度场的有效实时监控，利于实时调整机组及脱硝系统运行，与烟囱入口氮氧化物浓度场进行比对，并针对性优化调整喷氨支管，通过性能测试来评价热态调整策略可靠性和稳定性。

目前多数脱硝反应器前后氮氧化物浓度均为单点测量，不具有代表性。在准确测量烟气流量的基础上，通过喷氨优化改造，大幅降低氨逃逸，确保脱硝设施安全、稳定、达标、经济运行。

（1）烟气流量测量准确度高。采用流量矩阵式测量法在线测量，将烟道截面分成等面积区域，通过测量差压大小，转化为该区域流量，相比于该区域管内气流动压值，烟气流量测量装置产生的压差放大倍数较大，测量准确度高。

（2）根据矩阵式测量法所测流量，对喷氨系统进行优化改造，针对性控制对应矩阵区域内的喷氨流量，使得氨氮混合均匀，反应充分，大大降低了氨逃逸，降低后续设备堵塞、腐蚀概率，确保了机组稳定、可靠、达标运行。

（3）压差变送器的压差信号转换成 4～20mA 信号接入自动控制系统，自动控制系统将信号又反馈至喷氨系统，通过喷氨管道主调和辅调相结合（见图 8-1），一方面提高了喷氨均匀性，另一方面减少了氨无效喷入，极大节省了运行费用。

图 8-1　河北某电厂喷氨主调和辅调现场照片

3. 脱硝控制优化调整

燃煤机组大多数参与调峰频繁，机组投入 AGC 运行方式，入炉煤挥发分偏低，使得氮氧化物浓度波动较大，SCR 脱硝入口氮氧化物浓度超设计值，喷氨自动调节滞后，存在氮氧化物小时均值超标风险。特别是脱硝超低排放改造后，排放要求更加严格，这种情况会更加突出。

机组运行过程中及时调整氧量和配风方式，保证 SCR 反应器入口氮氧化物浓度满足设计条件。为了提高喷氨量的控制精度，采用锅炉蒸发量和总风量修正脱硝入口烟气流量，解决烟气量测量不准的难题；采用氮氧化物多点取样测量方法，解决了氮氧化物测点布置少、测量值不具有代表性的难题;通过引入氨逃逸保护模块及两侧脱硝出口氮氧化物浓度比对模块,提高两侧脱硝喷氨量的分配精度;通过采用参比历史数据的策略,提高调峰过程喷氨量的精度。为了提高喷氨动态响应的速度,增设多重超前馈,增设脱硝入口氮氧化物升降速率前馈解决 CEMS 采样时间过长影响喷氨动态调节响应速率的问题;增设负荷升降速率前馈解决燃烧工况多变情况下喷氨响应慢的问题;增设了人工控制干预模块,提高极端运行工况下喷氨自动投运率。

🏭 第四节 脱硝系统堵塞导致 NO_x 超标的问题

一、问题及原因分析

脱硝系统堵塞主要有喷氨管道堵塞、尿素热解系统堵塞、喷氨过量引起空气预热器堵塞、催化剂堵塞、涡流混合器积灰引起供氨管道堵塞等方面的问题。

在环保评价过程中,部分电厂因液氨品质不满足要求,造成喷氨管道堵塞,影响了脱硝系统稳定达标运行。

尿素 SCR 工艺利用热解炉或水解槽将尿素转化为气态氨之后输送至 SCR 脱硝反应器,这两种技术目前存在下列主要问题:①电加热器功率较大,能耗高,且电加热器继电器故障率高。②冷一次风流程不合理,现有工艺采用的是冷一次风从回转式空气预热器中换热,然后输送至电加热器加热至设计温度,热一次风含尘浓度高,虽然后期可通过加装除尘滤网去除一部分灰尘,但依然有灰尘对喷氨系统造成堵塞。③尿素水解系统部分电厂同样采用热一次风稀释氨气,引起氨空混合器堵塞。④尿素喷枪堵塞的频次较高。⑤热解炉结晶易造成氮氧化物超标排放。⑥尿素水解制氨响应时间较长,其利用蒸汽加热尿素溶液分解,该技术多为盘管式加热器,且热效率较低,可能因蒸汽管道疏水不畅或者积水引起管道堵塞。

为满足氮氧化物超低排放要求,脱硝设施基本采用增加一层催化剂方案,喷氨量随之增加。由于增加一层催化剂后,SO_2/SO_3 转化率增加,再加上流场不均、氨逃逸等方面的因素,硫酸氢铵易在空气预热器冷端形成结垢(见图 8-2),空气预热器高压运行的频次要比超低

图 8-2 空气预热器堵塞照片

排放改造前频繁，对脱硝运行及检修人员提出了更高的要求。

因煤质和燃烧方面的原因，部分电厂烟气中粉尘含量高，大颗粒灰特别是"爆米花灰"，多形成于锅炉受热面表面，较难通过烟道的扩展降低收留等手段使其沉降。一旦被烟气携带到催化剂表面可导致催化剂堵塞，减弱了脱硝设施的脱硝能力。

二、对策措施

（一）声学技术及过滤技术解决催化剂孔道堵灰

1. 高声强声波除灰技术

采用可调频的大功率高声强声源在 SCR 反应器内建立声压级 150dB 以上的高强声场，频带范围为 20～8000Hz，基于高强声波大幅振荡及非线性效应，提高脱硝效率，减少氨逃逸，保证 SCR 的高效运行。

（1）宏观方面，在同频共振作用下，通过高强声的大幅振荡，去除催化剂层间及内部积灰，保持 SCR 反应器通畅，催化剂磨损和降低烟道压损。

声波作用前后催化剂堵塞情况对比见图 8-3。

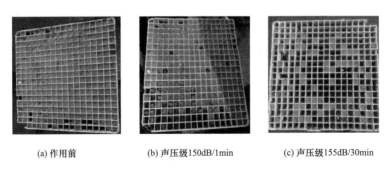

(a) 作用前　　(b) 声压级150dB/1min　　(c) 声压级155dB/30min

图 8-3　声波作用前后催化剂堵塞情况对比

（2）微观方面，通过高强声的声流效应，使氮氧化物、NH_3 在通过催化剂前充分混合，提高反应效率，从而降低 NH_3 的投运量。

声流的概念为：在线性声学范围内，流体质点围绕平衡位置做振动，压力和速度的时间平均为零。高强声为非线性声场中，声压的时间平均为声辐射压力，相应的速度时间平均称为声流，也称为声风、石英风。声流通常比质点的速度（在平衡位置的振动速度）小三～四个数量级。声流由流体的黏滞产生，因而总是有旋的。声流在工业生产中有重要的应用，如加速流体内部传质、传热，可用于加速化学反应等。

（3）微观方面，通过高强声在催化剂表面形成的表面波，去除催化剂表层微孔内的积灰、碱金属等物质，保证催化剂的活性，提高脱硝效率和使用寿命。

声表面波（SAW，Surface Acoustic Wave）是沿物体表面传播的一种弹性波，表面波包含瑞利波和乐普波。瑞利波是表面波的一种，它是当传播介质的厚度大于波长时在一定条件下在半无限大固体介质上与气体介质的交界面上产生的表面波，用 R 表示。使固体表面质点产生的复合振动轨迹是绕其平衡位置的椭圆，椭圆的长轴垂直于波的传播方向，短轴平行于传播方向。

表面波（瑞利波）示意图见图 8-4。催化剂在表面波作用下内部孔隙中的灰垢被清除见图 8-5。

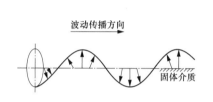

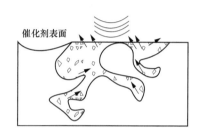

图 8-4　表面波（瑞利波）示意图　　　图 8-5　催化剂在表面波作用下内部孔隙中
　　　　　　　　　　　　　　　　　　　　　　　　的灰垢被清除

（4）技术实施。以 600MW 机组为例，在 SCR 反应器设计使用 6 台大功率可调频高声强声源对称安装在催化剂中间，示意见图 8-6。

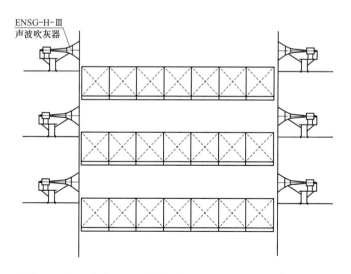

图 8-6　高强声波 SCR 脱硝提效和催化剂活性在线保持示意

2. 整流过滤格栅技术

为有效防止大颗粒物飞灰对催化剂造成堵塞，在脱硝系统中采用整流过滤格栅技术，在入口烟道合适位置，安装整流过滤主格栅，去除烟气中携带的大颗粒飞灰（见图8-7），有效预防催化剂积灰堵塞（见图8-8）；在催化剂上层安装辅助格栅，同时采用空气助流器吹灰，进一步避免了催化剂孔道堵塞，提高了脱硝设施的脱硝性能。

图 8-7　四川某电厂在脱硝前安装过滤格栅　　图 8-8　四川某电厂加装过滤格栅后催化剂检修照片

（二）声学技术及过滤技术解决空气预热器堵塞

硫酸氢铵的生成不可避免，空气预热器温度梯度为 350～120℃，硫酸氢铵在 146～207℃ 温度区间内为液态，黏性极强，是造成目前大部分机组出现堵灰问题的主要原因。空气预热器内温度场-硫酸氢铵液相温度区示意图见图8-9。

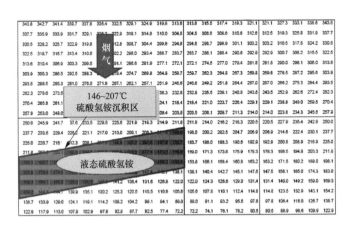

图 8-9　空气预热器内温度场-硫酸氢铵液相温度区

1. 高声强声波除灰量和热风循环加热技术

联合高声强声波除灰及热风循环加热作用，在空气预热器内整体建立声压级

150dB 以上的高强声场，运用同频共振原理，并在冷端形成 220℃以上的区域温度，把硫酸氢铵变为气态和灰垢一起去除。

技术实施如下：单侧空气预热器内设计使用 2 台 ENSG 型可调频高声强声源，1 台安装在烟气侧热端，一台安装在二次风侧冷端，并抽取 3%～5%高温漏风，引致二次风冷端。

（1）通过烟气侧的高强声大幅振荡，去除空气预热器热端灰垢。

（2）通过二次风侧高强声与热风的量和作用，去除空气预热器冷端硫酸氢铵。

声学技术解决空气预热器堵塞技术路线见图 8-10；高声强联合热风循环技术实施示意图见图 8-11。

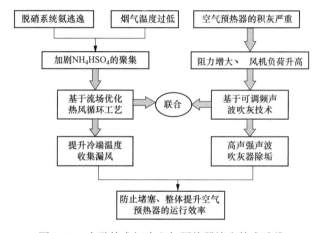

图 8-10　声学技术解决空气预热器堵塞技术路线

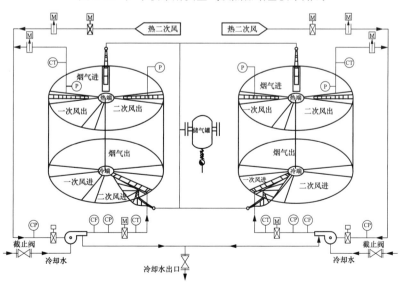

图 8-11　高声强联合热风循环技术实施示意图

2. 高压水在线清洗和降低氨逃逸等技术

一方面，在脱硝运行过程中要密切关注空气预热器压差变化，加强空气预热器吹扫工作。当空气预热器烟气压差不可逆增长时，适当降低喷氨量；可采用热水作为清洗介质，通过添加输送剂，采用高压水在线清洗装置，实现不停机非隔离状态下高效在线清洗空气预热器蓄热片表面板结飞灰。另一方面，空气预热器中浓度相对较低的 NH_3 是决定 NH_4HSO_4 生成量的关键核心，与控制空气预热器入口三氧化硫浓度相比，控制空气预热器入口 NH_3 逃逸浓度对减少空气预热器中 NH_4HSO_4 的生成量更有效，且更简单可行。可选择从降低氨逃逸和控制空气预热器排烟温度两个方面着手预防空气预热器堵塞。

（三）喷氨管道堵塞解决措施

（1）保证进氨质量，液氨进灌前过滤精度为 $10\mu m$；在氨区至 SCR 间加装蒸汽伴热，提高氨气温度；定期加强对液氨储罐和氨气缓冲罐底部进行排污，清理杂质排除堵塞；加强设备定检，对稀释风机滤网进行定期吹扫，排除堵塞和滤网损坏，减少灰尘吸入。

（2）另外，针对液氨品质引起的堵塞问题，首先，加强液氨品质管控，督促供氨方加强液氨品质控制和检验；其次，在卸氨区增设液氨过滤器［具体见图 8-12（a）］，从源头消除液氨内杂质；最后，为避免流量计堵塞引起脱硝设施退出，可在流量计旁增设供氨旁路和过滤器［具体见图 8-12（b）］，流量计故障时切换到旁路运行。

(a)河北某电厂液氨过滤器　　　　　　　(b)湖北某电厂气氨过滤器

图 8-12　供氨系统不同位置安装过滤器

（四）尿素热解系统堵塞解决措施

（1）加强对脱硝出口 NO_x 的监视，在脱硝出口 NO_x 排放的调控上要超前预控，如启动中上层磨煤机前采取适当降低运行氧量、增大上部燃尽风挡板开度、适量增大尿素溶液流量（视热解炉出口温度、系统风量而定）等措施。

（2）对脱硝热解炉尿素及冲洗水的喷入量要尽量缓慢调整，避免热解炉温度突变造成尿素溶液不能完全热解产生结晶体。

（3）保证辅助电加热系统运行正常。热解炉出口温度低于设定值时，辅助电加热自动启动。

（4）定期检查尿素喷枪的枪管、喷嘴及喷枪雾化效果，增设尿素喷枪密封风系统，便于机组运行期间拆出喷枪检查喷枪雾化效果，必要时进行更换；每次停机检查清理尿素热解炉内壁及出口管道尿素结晶体，确保清理干净。

（5）加强尿素品质管理，对每批次尿素进行抽检化验，确保尿素品质，避免因其品质不合格造成尿素喷枪堵塞。

（6）在尿素溶液喷腔管路上增加超声波装置，降低尿素雾化粒径，提高尿素热解效率，预防喷嘴堵塞。在热解炉出口管道上增加声波解堵装置，解决尿素结晶和挂壁积垢堵塞问题。声学技术解决空气预热器堵塞技术路线见图 8-13。

（7）一种低能耗防堵塞尿素制氨脱硝系统。图 8-14 所示为一种低能耗防堵塞尿素制氨脱硝系统。为彻底解决含尘热一次风对脱硝喷氨系统堵塞问题，利用布置在 SCR 脱硝反应器与空气预热器之间的换热管，将洁净的空气冷一次风加热至 300～350℃。加热后的空气可分成两路，一路至尿素热解制氨系统，利用排列在再热器与省煤器之间的换热管将加热的空气再次升

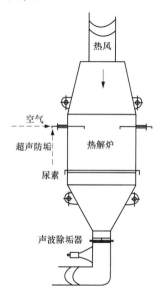

图 8-13 尿素热解系统声波
防堵除垢工艺

温至 400～450℃，再输送至热解炉，以满足尿素热解温度条件（尿素热解系统）。另一路输送至尿素水解制氨系统，直接与水解槽的尿素溶解进行接触式加热（尿素水解系统）。该系统可满足不同工艺的需要，有效解决因热风含尘造成的尿素热解工艺中存在的尿素喷枪堵塞、热解炉结晶、电加热器故障、能耗高、水解工艺蒸汽管道易堵塞及响应时间慢等问题，特别适合于尿素热解系统改造成尿素水解系统。创造性在炉内换热器圆钢管上设置角钢，一方面有效防止高尘烟气对圆钢管的冲刷，检修时只需更换角钢，无需更换圆钢管，方便快捷；另一方面增加换热面积，有效提高换热效率。

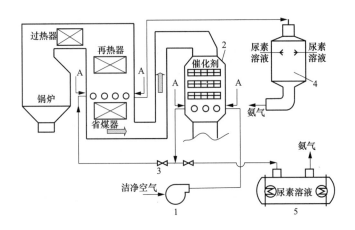

图 8-14　一种低能耗防堵塞尿素制氨脱硝系统

1—风机；2—SCR 反应器；3—调节阀；4—热解炉；5—水解槽

（五）涡流混合器积灰堵塞解决措施

针对目前脱硝系统涡流混合器存在的问题，国电科学技术研究院有限公司发明了一种 SCR 脱硝系统涡流混合器防积灰装置，可有效解决涡流混合器积灰、堵塞等问题，使得喷氨系统稳定、可靠运行。SCR 脱硝系统设有喷氨系统，喷氨系统喷氨至烟道内涡流混合器表面，喷出的氨气在烟道内与烟气混合。防积装置主要包括供气单元、输送管路和吹扫管，供气单元经输送管路连接吹扫管，输送管路一端引入烟道设于各涡流混合器上部，输送管路对应每个涡流混合器位置引出一组吹扫管。

另外，涡流混合器积灰堵塞解决措施还包括：①增加喷氨管道在烟道内的长度，使氨-空气混合气在喷出前有足够的预热时间，保证喷出温度高于硫酸氢铵露点温度，防止液态硫酸氢铵生产导致积灰堵塞。②增加压缩空气吹灰系统。保证每个涡流混合器上的吹扫管位于倾斜的涡流混合器倾斜面顶端，且平行于涡流混合器表面。③增加高声强声波吹灰系统。保证每个涡流混合器处于 150dB 以上的高强声场中。

第五节　尿素制氨技术问题

一、问题及原因分析

液氨系危险品，作为燃煤烟气脱硝还原剂属于重大危险源。选择尿素制氨作为脱硝还原剂已经成为共识。

尿素制氨分为水解和热解两种方式。传统的尿素热解制氨脱硝技术所需电耗大、能耗高、运行费用高、热解室尾部易造成尿素结晶等问题，尿素水解技术分解速度慢，随机组负荷变化适应性低。这些已成为尿素热解和水解工艺广泛推广应用的主要障碍。

二、对策措施

为解决上述难题，采用尿素催化水解技术，在水解反应器中加入不同配比的催化剂（磷酸氢二铵和磷酸二氢铵）作为催化剂，利用低品质蒸汽加热，在 135～160℃左右，压力约在 0.8MPa 条件下进行催化水解反应。反应速度快，跟踪机组负荷突变适应性强，大幅度降低能耗水平。

大唐环境产业集团股份有限公司实施的大唐长春第二热电公司 6 号 200MW 机组采用尿素催化水解技术，2015 年 1 月 4 日顺利通过 168h 试运行，尿素水解率大于99％，系统负荷响应速率为 13％/min，能耗为尿素热解系统的 14％。2017 年 1 月，中电投远达环保工程有限公司建设的国内首台 600MW 机组配套的尿素催化水解反应器在霍林河坑口发电公司 1 号机组中成功投运。

第六节　氨逃逸光程设置与维护校验的问题

一、问题及原因分析

氨逃逸一直是困扰脱硝设施安全稳定经济运行的难题。部分电厂氨逃逸指标不能真实反映脱硝反应器内的实际情况。目前，氨逃逸采取的是对穿式测量方式，由于烟气中含尘量高、安装距离等因素，对穿式测量数据不准确。

二、对策措施

1. 调整氨逃逸光程设置

氨逃逸设备的光程应该按照实际情况进行设置（光程设置与实际不符，有人为调整检测数据的嫌疑），并加强对设备的维护力量，保证设备的透光率，提高反吹设备（发射端与接收端探头）的压缩空气的品质。氨逃逸检测仪测量方式为对穿式，检测指标失真，不能真实反映反应器氨逃逸实际情况。

2. 优化氨逃逸监测仪表

可以从下面四个方面分析：①激光透射率是否不足；②测量光程设置是否合理；

③原位安装，对穿式仪表的发射端与接收端是否出现偏移过大；④现场粉尘造成发射端与接收端镜片堵塞。建议电厂定期做好氨逃逸监测仪表的维护工作。

此外，氨逃逸检测仪表也可采用直接抽取式高精度微量氨测量仪，基于直接吸收和波长调制的可调谐二极管激光吸收光谱互耦技术，结合多光程反射技术，消除燃煤烟气组分（包括烟尘）及温度压力波动对测量的干扰，解决了喷氨在线测控系统中氨逃逸监测不准的难题。

第七节　脱硝设施可靠性管理

一、脱硝管理可靠性方面

（一）脱硝超低电价管理

脱硝超低排放改造后，经监测满足超低排放要求后可享受超低排放电价政策。《关于实行燃煤电厂超低排放电价支持政策有关问题的通知》（发改价格〔2015〕2835 号）要求，2016 年 1 月 1 日前已经并网运行的现役机组，对其统购上网电量每千瓦时加价 1 分钱；2016 年 1 月 1 日后并网运行的新建机组，对其统购上网电量每千瓦时加价 0.5 分钱。

同时，该通知对于享受超低电价的机组做出了明确的规定："对符合超低限值的时间比率达到或高于 99％的机组，该季度加价电量按其上网电量的 100％执行；对符合超低限值的时间比率低于 99％但达到或超过 80％的机组，该季度加价电量按其上网电量乘以符合超低限值的时间比率扣减 10％的比例计算；对符合超低限值的时间比率低于 80％的机组，该季度不享受电价加价政策。其中，烟尘、二氧化硫、氮氧化物排放中有一项不符合超低排放标准的，即视为该时段不符合超低排放标准。燃煤电厂弄虚作假篡改超低排放数据的，自篡改数据的季度起三个季度内不得享受加价政策"。

（二）脱硝设施达标排放率

《关于实行燃煤电厂超低排放电价支持政策有关问题的通知》中明确了享受电价条件，符合超低限值的时间比率低于 80％，不享受电价加价政策。原中国国电集团公司《关于印发〈中国国电集团公司星级企业考评管理办法（2015 修订版）〉的通知》（国电集生〔2015〕206 号），明确了关于氮氧化物达标排放率的要求，"氮氧化物年度达标排放率每低于 99.5％ 1 个百分点扣 4 分，每项月度达标排放率低于 98％

扣 3 分；低负荷脱硝退出导致全年氮氧化物达标排放率低于 80％扣 3 分"。

影响脱硝达标排放率比较突出的因素是机组启停机、机组低负荷运行，脱硝入口烟气温度达不到投运条件，使得脱硝设施退出，引起氮氧化物超标。

二、脱硝催化剂可靠性方面

（一）催化剂备用层问题

燃煤电厂 SCR 脱硝催化剂基本上采用"2＋1"运行方式。实施脱硝超低排放改造后，基本方案是：启用备用层，增加一层催化剂，即"3＋0"或者"4＋0"运行方式。取消备用层之后对脱硝设施及整个系统的影响主要体现在以下方面：

（1）启用备用层之后，随着煤质不断变化，设计条件较实际情况偏差较大时，3 层催化剂便有可能满足不了脱硝超低排放的要求，特别是 W 火焰炉。

（2）增加一层催化剂之后，由于催化剂中含有的 V_2O_5 对 SO_2 具有一定的氧化作用，SO_2/SO_3 转化率将提高，硫酸氢铵生成概率加大，增加下游空气预热器、电袋除尘或者布袋除尘的堵塞概率。

（3）在原有催化剂"2＋1"运行条件下，当运行的 2 层催化剂不能满足排放要求时，可以通过增加一层催化剂的方式解决，充分利用原有 2 层催化剂性能。而现有"3＋0"运行条件下，当氮氧化物排放浓度不能满足要求时，只能更换一层催化剂，而更换的催化剂性能得不到最大程度的利用。同时，催化剂更换频率较超低排放改造前要增加。

（二）脱硝性能试验

根据环保评价情况来看，部分电厂脱硝设施改造后，未按照《燃煤电厂烟气脱硝装置性能验收试验规范》（DL/T 260—2012）的要求做好脱硝设施性能试验工作。脱硝设施超低排放改造后，应按照 DL/T 260—2012 的要求，在规定时间内做好脱硝设施性能试验工作。

（三）催化剂性能检测

通过环保评价，大部分电厂脱硝催化剂能够对其性能进行检测，但检测项目简单（仅检测外观、效率、强度等指标），检测周期较长，不能及时掌握现有催化剂的性能状况。对于新建机组，新催化剂未进行强检，若催化剂质量存在问题，则会对脱硝设施运行造成较大影响。

2015 年，原国电集团公司下发《中国国电集团公司火电机组 SCR 脱硝催化剂技术管理办法》，要求"新购脱硝催化剂安装之前必须进行质量和性能检测工作，检测报告作为脱硝催化剂验收的附件之一"。同时，对已投运的催化剂检测工作也提出了明确的要求。燃煤电厂应按照《火电厂烟气脱硝（SCR）系统运行技术规范》(DL/T 335—2010)和《中国国电集团公司火电机组 SCR 脱硝催化剂技术管理办法》的有关要求，定期对催化剂性能进行检测，及时掌握现有催化剂性能状况，特别关注碱金属和砷中毒情况。

（四）废旧催化剂回收

自脱硝设施改造以来，部分电厂催化剂使用寿命已经达到更换周期。环保部《关于加强废烟气脱硝催化剂监管工作的通知》（环办函〔2014〕990 号），将废烟气脱硝催化剂（钒钛系）纳入危险废物进行管理，并将其归类为《名录》中"HW49 其他废物"，工业来源为"非特定行业"，废物名称定为"工业烟气选择性催化脱硝过程产生的废烟气脱硝催化剂（钒钛系）"。

危险废物由于对环境造成的危害比一般废物更大，也成为国家固废管理中最为重要的一项内容。危险废物除了电厂要及时向当地环保部门进行备案外，最重要的是要妥善管理，不论是存储、运输、处置都有相应的国家法律法规进行约束，包括《危险废物贮存污染控制标准》《危险废物收集贮存运输技术规范》《危险废物转移联单管理办法》等。

脱硝催化剂生产厂家回收处置资质问题，依据国家颁布的《危险废物经营许可证管理办法》以及环保部门《关于加强废烟气脱硝催化剂监管工作的通知》和《废烟气脱硝催化剂危险废物经营许可证审查指南》等法律法规，废弃脱硝催化剂的回收和处置的企业必须持有危废 HW49 类"工业烟气选择性催化脱硝过程产生的废烟气脱硝催化剂（钒钛系）"的"危险废物经营许可证"。

第九章

燃煤电厂超低排放相关的固体废弃物实践问题

燃煤电厂超低排放相关的固体废弃物主要包括灰渣、脱硫石膏、废弃催化剂等。其中灰渣没有发现太多问题；脱硫石膏主要是脱水困难、品质降低等问题；最难处理和处置的是废弃催化剂。自 2011 年颁布《火电厂大气污染物排放标准》（GB 13223—2011）以来，氮氧化物排放已经成为强制性约束指标。超低排放要求则进一步加严了氮氧化物控制要求。催化剂是 SCR 脱硝系统中的最关键部件，使用过程中表面积灰或孔道堵塞、中毒、物理结构破损等因素会导致性能下降而失活。目前，失活脱硝催化剂的处理处置方式主要有再生、分解利用和填埋，其中再生法因其资源循环利用、二次污染较小而成为最具前景的处理处置方式。

🏭 第一节　超低排放后脱硫装置石膏脱水困难问题

一、问题及原因分析

某燃煤机组脱硫装置均采用石灰石-石膏湿法脱硫工艺，机组运行过程中脱硫装置出现石膏脱水困难，电厂只能用罐车将浆液运送至灰场填埋处理，不仅影响了石膏的运输和综合利用、影响脱硫装置的正常运行，还造成环境污染。如图 9-1～图 9-4 所示。

图 9-1　脱水机末端石膏

图 9-2　石膏库内堆积的石膏浆液

图 9-3　运送石膏浆液的罐车

图 9-4　脱水区路面

脱硫装置石膏脱水困难，一方面是因为旋流分离器及脱水机本体设备的影响，另一方面是因为浆液品质导致石膏脱水困难。后者为主要原因，也是常见原因。

旋流分离器及脱水机本体设备的影响因素主要包括：①旋流分离器管路磨损及喷嘴脱落。由于旋流分离器是靠离心作用使石膏与水分离，所以浆液流速高，管路磨损快，使喷嘴受振动和冲击，容易松动和脱落。②真空皮带容易跑偏。造成皮带跑偏的因素很多，主要包括安装质量原因使各托辊不平行；个别托辊磨损或轴承损坏，转动阻力加大；调偏托辊松动或调整不到位。③滤布损坏。由于滤布在运行中始终处于反复自动调偏中，总在左右摆动，使滤布出现纵向褶皱，长期运行后，褶皱部位磨损，形成纵向裂口。另外有杂物落入滤布中，也会发生滤布损坏。

浆液品质导致石膏脱水困难的影响因素主要包括以下方面：

（1）石膏中亚硫酸钙含量较高。在石灰石-石膏湿法脱硫工艺中，亚硫酸钙主要以 $CaSO_3 \cdot 0.5H_2O$ 晶体的形式存在。因其粒径小、黏性较强、呈晶簇状，受挤压或抖动易释放晶簇内的水，是导致石膏含水率偏高的一个主要原因。对脱水机末端石膏和吸收塔浆液进行了取样分析，试验结果如表 9-1 和表 9-2 所示。

表 9-1　　　　　　　　　　脱水机末端石膏化验结果

$CaSO_4 \cdot 2H_2O$（%）	$CaSO_3 \cdot 0.5H_2O$（%）	$CaCO_3$（%）	SiO_2（%）	Fe_2O_3（%）	含水率（%）
85.1	4.25	4.53	4.48	0.76	52.7
备注	$CaSO_4 \cdot 2H_2O$ 等为干基值				

表 9-2 吸收塔浆液品质化验结果

吸收塔	$CaSO_4 \cdot 2H_2O$（%）	$CaSO_3 \cdot 0.5H_2O$（%）	$CaCO_3$（%）	Cl^- g/L	含固量（%）
2 号吸收塔	84.92	3.44	3.91	5.4	26.05
3 号吸收塔	82.80	5.48	5.95	4.5	22.05
4 号吸收塔	85.66	3.44	2.3	5.7	29.16
备注	（1）3 号塔为 4 月 21 日样品，氯离子浓度为上清液数值。 （2）$CaSO_4 \cdot 2H_2O$ 等为干基值				

从表 9-1 和表 9-2 可以看出，塔内浆液及脱水机末端石膏中烟硫酸钙的含量较高，脱水机末端石膏也表现为：石膏成块状，貌似含水率比较低，但轻轻抖动后石膏立即呈现为稀泥状，与亚硫酸钙含量高的表象基本一致。因此可断定过高浓度的亚硫酸钙是导致石膏含水率偏高的一个主要原因。吸收塔浆液的密度基本在 $1250 kg/m^3$ 以上，部分时段超过 $1350 kg/m^3$，严重超出设计值，部分搅拌器和循环泵的电动机超电流运行。吸收塔浆液密度高不仅增加了设备的磨损，还不利于氧化空气在吸收塔内扩散，也不利于石膏的保存，会导致塔内浆液和石膏中的亚硫酸钙含量偏高。

（2）浆液中含有一定的胶体物质。取一定量的吸收塔浆液，发现其呈明显的黏稠状。将其分为两份，一份直接静置 8h，另一份用氢氧化钠溶液调节浆液 pH 值至 7.0 后静置 8h。两份溶液静置后如图 9-5 所示（上清液的体积分别为 6ml 和 23ml），不同 pH 值下浆液中（静置后上清液）多种离子的浓度如表 9-3 所示。

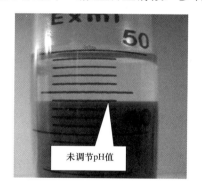 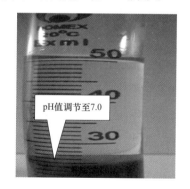

图 9-5　吸收塔浆液分别调至 5.0 和 7.0 后静置 8h 后浆液沉降结胶

表 9-3　吸收塔浆液（上清液）在不同 pH 值下多种离子浓度变化

pH 值	氯离子	钙离子	镁离子	铁离子	铝离子
—	g/L	g/L	g/L	mg/L	mg/L
5.23	4.5	0.7	4.0	1.4	5.7
7.02	4.5	0.6	3.8	0.3	1.2

从图 9-5 和表 9-3 可以看出，将吸收塔内 pH 值调节至 7.0 后，吸收塔浆液上清液中铁离子和铝离子浓度迅速降低，吸收塔浆液沉降性能明显增强。铁离子、铝离子是最为常用的絮凝剂之一，当吸收塔内浆液中铁离子、铝离子浓度达到一定数值时在吸收塔内形成絮状胶体。胶体的存在，大大降低了浆液的沉淀性能，不利于石膏晶体的结晶，也使石膏脱水性能大大降低。另外，机组个别电场的除尘器未能有效投入，未被电除尘器去除的部分烟尘在吸收塔内被喷淋的浆液捕集，因铁、铝等是烟尘的重要组成部分，浆液中的铁、铝离子浓度高可能与除尘器部分电场未投入有一定的关系。

二、对策措施

针对旋流分离器及脱水机本体设备影响脱硫装置石膏脱水困难的对策建议包括：

（1）适当控制旋流分离器浆液的流速，减少设备磨损；检查喷嘴发现松动应及时安装牢固。

（2）经常检查托辊，发现转动不灵活及时更换轴承；对托辊平行度和水平度进行找正；缓慢调整调偏托辊的手轮，长时间观察找正。

（3）把滤布调偏行程控制在最小范围内；通过技术改造增加去皱托辊；经常巡视检查，有松动部件及时固定，防止脱落后掉入滤布中；发现滤布有异物要及时停运设备，清除并查明原因后再启动设备。

（4）定期检查沉砂嘴，及时更换堵塞或磨损较为严重的滤布；加强脱硫主要仪表的校准和维护，保障其正常投运。

针对浆液品质导致石膏脱水困难的对策建议包括：

（1）石膏中亚硫酸钙含量偏高是造成石膏脱水困难的主要原因，吸收塔浆液密度过高是石膏氧化不充分的主要因素。

（2）石膏含水率偏高是湿法脱硫装置普遍存在的问题，可通过石膏浆液的沉淀性能来对石膏的脱水性能进行预判，便于及时进行运行调整。

（3）运行中注意监督脱水机的运行负压、石膏滤饼厚度，以及石膏旋流器的工作压力，控制合理的浆液密度和 pH 值。

（4）控制燃煤灰分和除尘器的运行调整，加强石灰石品质的化学监督，减少进入吸收塔的杂质含量。

（5）加强锅炉的燃烧调整，减少锅炉投油助燃的频率。

（6）加大脱硫废水处理设施的运行维护，保障脱硫废水的正常投运。

（7）控制燃煤含硫量和浆液密度，保障石膏的氧化效果。

第二节　超低排放后石膏杂质含量高问题

一、问题及原因分析

某热电厂安装了石灰石-石膏湿法脱硫装置，运行一段时间后，与正常脱硫石膏相比，脱硫石膏明显发黑，如图 9-6 和图 9-7 所示，且石膏纯度较低。

图 9-6　热电厂脱硫石膏库石膏

图 9-7　正常脱硫石膏

对石膏库房的石膏进行取样分析，经化验石膏纯度较低，具体化验结果如表 9-4 所示。

表 9-4　　　　　　　　石膏分析结果（石膏库房颜色偏黑石膏）

含水率（%）	$CaSO_4 \cdot 2H_2O$（%）	$CaSO_3 \cdot 0.5H_2O$（%）	$CaCO_3$（%）	SiO_2（%）	Al_2O_3（%）	Cl^-（%）
21.33	76.79	0.11	1.16	8.50	4.25	0.19
备注	在石膏库取样；除含水率外，本表中其他参数为干基值					

石膏分析结果表明石膏含水率偏高，$CaSO_4 \cdot 2H_2O$ 含量较低，SiO_2、Al_2O_3、Cl^- 等含量较高。导致脱硫石膏纯度低的原因如下：

为了保证脱硫装置的稳定运行，必须保证进、出吸收塔的各种物质平衡，包括各种固体杂质。进入吸收塔的固体杂质包括：被吸收塔捕集的烟尘（吸收塔有一定的除尘效果）、石灰石和工艺水中所含杂质（石灰石中含有其他杂质，工艺水所含固体杂质基本可以忽略）；吸收塔排出杂质包括：脱硫废水的排放和石膏的携带；为了保障脱硫装置连续、稳定运行，吸收塔内应基本无杂质沉积，通过排放脱硫废水和脱除石膏来维持吸收塔内的杂质平衡。因脱硫废水处理系统的出力有限，如进入吸收塔的杂质含量较多（烟尘含量高、石灰石纯度低），石膏中杂质含量必然较高，石膏纯度下降。

对脱硫石灰石也进行了取样分析，结果如表 9-5 所示。脱硫用石灰石化验结果表明，石灰石中碳酸钙含量较低，其他杂质含量较高。在石灰石堆料场检查发现：石灰石中其他固体杂质较多，石灰石中杂质含量较高，必然进入吸收塔的杂质含量较高、石膏纯度下降，建议加强脱硫石灰石品质监督，对纯度较低的石灰石予以拒收；同时加强石灰石堆料场的管理，外来杂质不允许堆放或抛弃至堆料场。现场检查发现石灰石颗粒的粒径较大，会增加石灰石制浆系统电耗，降低其出力。

表 9-5　　　　　　　　　　　　　脱硫用石灰石

$CaCO_3$	$MgCO_3$	SiO_2	Al_2O_3	Fe_2O_3	R_{325}
%	%	%	%	%	%
77.9	5.8	10.3	3.5	5.4	5.57
备注	石灰石浆液箱底部排污门取样，化验结果为干基值				

烟气中的烟尘含量高不仅会降低脱硫装置的脱硫效率，还会导致石膏品质下降。现场检查发现烟道、吸收塔内积灰严重，从烟道积灰和吸收塔内浆液的堆积情况、浆液颜色来看，原烟气中烟尘浓度较高；过高的烟尘浓度导致石膏品质下降。

湿法脱硫装置正常运行时，需根据脱硫装置的运行情况不定期向吸收塔外排放一定量的脱硫废水来维持塔内离子（主要是氯离子）、杂质等的平衡。因密度比水高，将吸收塔浆液静置一段时间后明显分层；上层浊度较低，中间层流动性较强，底层则流动性很差。对某厂吸收塔浆液进行分析测试，结果表明：中间层所含固体颗粒的粒径较小，主要成分是 SiO_2、Al_2O_3 和部分粒径较小的 $CaSO_4 \cdot H_2O$；底部流动性很差的固体颗粒主要是粒径较大的 $CaSO_4 \cdot H_2O$。

石膏漩流器主要是利用离心分离的原理将吸收塔浆液进行分离。对某厂石膏漩流器的溢流浆进行观察和测试，结果表明：漩流器溢流浆液的主要性质为液密度小、质量轻、含固量小，其颜色和主要成分与吸收塔浆液中间层流动性较好的物质基本相同；漩流器底流浆液则密度大、含固量高，其颜色和主要成分与吸收塔浆液底层流动性很差的物质基本相同。

二、对策措施

（1）脱硫石膏纯度低，其杂质的主要成分是 SiO_2 和 Al_2O_3，其来源主要是石灰石中所含杂质和被吸收塔捕集的烟尘。

（2）脱硫用石灰石纯度较低、品质较差；加强脱硫石灰石品质控制，对纯度较低的石灰石予以拒收。

（3）现场检查发现，原烟气烟道、净烟气烟道、吸收塔内杂质含量较高，进入脱硫装置的烟气中烟尘含量可能较高；控制燃煤灰分，保证除尘效率，降低烟尘含量。

（4）目前脱硫废水的排放方式不合理，将脱硫废水的排放方式由石膏漩流器的底流浆液改为石膏漩流器的溢流浆液。

（5）对于石灰石制浆系统，将现有的滤液水制浆系统改为工艺水制浆。

（6）从石膏品质化验结果和烟道、吸收塔积灰来看，进入吸收塔的原烟气烟尘含量较高，脱硫 DCS 显示原烟气烟尘含量为 $100mg/m^3$ 左右。CEMS 测量烟尘浓度可能不准，建议进行 CEMS 校准试验，掌握进入吸收塔的实际烟尘含量。

第三节　燃煤电厂催化剂问题

一、燃煤电厂废旧脱硝催化剂及其产生原因

（一）SCR 催化剂介绍

为达到日趋严格的燃煤机组烟气脱硝标准，选择性催化还原（SCR）技术是目前燃煤电厂所采用的主要脱硝技术。催化剂是反应的核心，催化剂性质和性能直接决定了其适用范围和脱硝效率，也是现阶段相关研究的重点。用于 NH_3-SCR 反应的催化剂可大体上分为贵金属催化剂、碳基材料催化剂、金属氧化物催化剂和分子筛催化剂等几大类。按照成型外观区分，主要可分为蜂窝式、板式及波纹板式三种。具体见图 9-8。

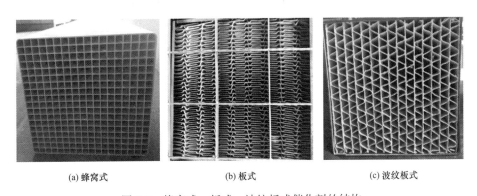

|(a) 蜂窝式|(b) 板式|(c) 波纹板式|

图 9-8　蜂窝式、板式、波纹板式催化剂的结构

目前，燃煤电厂最常使用的是以钛白粉 TiO_2 为载体，负载活性组分 V_2O_5 及助剂 WO_3（或 MoO_3）的 V-W-Ti 催化剂。该催化剂最佳活性温度窗口介于 300～

400℃之间，脱硝率可达90％以上。其各组分在催化剂中的作用如下：

V_2O_5 是一种常用的氧化催化剂，也是商用 V-W-Ti 催化剂最主要的活性组分。由于 V 的表面呈酸性，容易以 Brönsted 酸或 Lewis 酸的形式吸附和活化 NH_3。其所形成的 Brönsted 酸在 300～400℃时保持较高活性，在富氧环境下能够将 NH_3 和氮氧化物转化为 N_2 和 H_2O，因此被广泛应用于固定源烟气脱硝。由于 V_2O_5 的氧化性较强，若其负载量过高，则在催化 SCR 反应的同时易将二氧化硫氧化成三氧化硫，并且也可能在较高温时将吸附的 NH_3 氧化为氮氧化物，这对 SCR 反应是不利的。所以在实际应用中，V 物种的负载量并不是越大越好，为了阻止氧化对反应的影响，V 的负载量不宜过大。根据实际应用情况的差别，催化剂中 V 物种的负载量有一定的差别，但是通常在 0.3％～1.5％之间。

V-W-Ti 催化剂中 WO_3 的含量一般不低于 4.5wt.％。WO_3 的主要作用是增强催化剂的活性、热稳定性及抗硫性。WO_3 对催化剂活性增强的作用机理目前还没有完全研究清楚，一些学者认为其增加了 Brönsted 及 Lewis 酸性，从而增强了反应的活性；部分学者则认为 SCR 反应需要两个活性位，WO_3 提供了另外一个活性位；另外也有学者认为 WO_3 能够促进催化剂电子的传递。在提高催化剂稳定性方面，WO_3 能够抑制亚稳定的同素异形体锐钛矿型 TiO_2 向稳定性更高的金红石型转变，从而降低了锐钛矿的烧结和比表面积的丧失。另外，WO_3 的加入能与三氧化硫竞争 TiO_2 表面的碱性位并代替它，从而降低了催化剂的硫酸盐化所造成的活性损失。

TiO_2 是 V-W-Ti 催化剂的载体，其中 TiO_2 的含量一般在 85wt.％以上，晶型主要为锐钛矿型。锐钛矿 TiO_2 禁带宽度比金红石高 0.2eV，传递电子能力较好，比相对闭孔的金红石具有更高比表面积。与其他载体相比，活性组分 V 物种在 TiO_2 的表面能有较高的分散度，使 V 物种具有较多的表面态。以 TiO_2 作为载体时，二氧化硫氧化生成的三氧化硫的反应很弱并且可逆，因此其相比较其他载体具有明显的抗硫优势。此外，即使在 TiO_2 表面有硫酸盐的生成，其稳定性也比在其他氧化物如 Al_2O_3 和 ZrO_2 上生成的差，因此在工业应用过程中 TiO_2 的表面不易被硫酸盐遮蔽表面活性位，部分研究则表明部分少量的硫酸盐可能还会增加催化剂脱硝反应的活性。

由于燃煤煤质、实际运行工况和脱硝要求等方面的不同，以及各催化剂生产厂家催化剂设计配方和生产工艺上的区别，各电厂燃煤机组的催化剂成分存在较大差异。

（二）废旧脱硝催化剂的产生

若运行状况较为理想，则 SCR 脱硝催化剂可以长时间使用。但我国燃煤电厂 SCR 脱硝设施多采用高尘布置，催化剂在长期的运行过程中，不可避免地因各种物理化学作用而失效或无法继续使用，由此产生了大量的废旧脱硝催化剂。

从催化剂失活原因上看，其中既有烧结、堵塞、磨损等物理因素所造成的失活，也有由于烟气中其他成分如碱（土）金属、重金属、各种酸性物质及微量元素等与催化剂的活性位点发生反应或覆盖活性位点所造成的化学中毒。脱硝催化剂的主要失活原因如下。

1. 物理失活

（1）烧结。锐钛矿相 TiO_2 的热稳定性较差，在温度较高时可能发生不可逆的晶型转变，产生金红石相 TiO_2。这一转变会导致催化剂的微观结构被破坏、粒径增大、比表面积和孔体积下降，进而使其活性组分流失、脱硝活性下降，这种失活是永久性的。在电厂实际运行过程中，催化剂有可能处在高于设计温度的环境。烟气温度高于 400℃时催化剂就可能出现烧结情况，若反应器内烟温长时间超过 450℃，催化剂就会因烧结产生严重的失活，其寿命也会明显缩短。

（2）磨损。目前我国火电厂普遍将 SCR 脱硝系统安装在省煤器之后、空气预热器之前，在此区间内的烟气可能含有较多的飞灰。飞灰的组成较为复杂，燃煤成分、煤粒粒度、锅炉型式、燃烧情况及收集方式等均可能对其化学组成造成影响。由于我国幅员辽阔，各地煤质成分差异较大，电厂的实际入炉煤质与设计煤质也可能存在差异，所以在 SCR 反应器入口的烟气中可能包含大量的飞灰。当飞灰浓度较高时，随着高速烟气进入脱硝装置，便会与催化剂发生碰撞和切削，并逐渐积累产生磨损（见图 9-9）。烟气的流速、装置内流场情况、飞灰自身的性质和烟气对催化剂的冲击角度等都会影响催化剂的磨损情况。磨损失活也是不可逆的，严重时还会导致催化剂出现碎裂和垮塌（见图 9-10），影响脱硝系统的进一步运行。目前的商用催化剂都会在迎风端进行硬化处理，并有强制性的检测要求以保证其耐磨强度。此外对反应器内流场进行优化设计，一定程度上也能减轻催化剂的磨损情况。

图 9-9　华北某电厂催化剂单元严重磨损案例

图 9-10 西南某电厂出现催化剂碎裂（左）及垮塌（右）案例

（3）积灰。煤燃烧后剩余的飞灰多为细小灰粒，这些灰粒除了随着烟气通过催化剂孔道并使其磨损外，也可能在流动过程中减速并沉积在催化剂表面，覆盖催化剂的孔结构和活性位点。当积灰随着时间的推移逐渐增多，并覆盖一定区域后，便会直接导致该区域催化剂的反应通路被阻断。一般来说，脱硝反应器内部的边角处、钢架结构下方及吹灰器下方等位置易出现积灰情况（见图 9-11）。目前商用催化剂均会在迎风面安装一层格栅网，以减轻催化剂的积灰情况。保持反应器内吹灰器的良好运行也能达到类似的效果。

图 9-11 西北某电厂催化剂局部积灰案例

（4）堵塞。催化剂在实际运行中可能存在两种形式的堵塞——微观上的堵塞和宏观上的堵塞。积灰中的一些氧化物及一些尺寸较小的飞灰颗粒会进入催化剂的微孔结构，并与烟气中的二氧化碳或由二氧化硫氧化成的三氧化硫反应形成相应的碳酸盐和硫酸盐（如硫酸氢铵和硫酸钙等）。这些盐类物质或颗粒会覆盖催化剂的孔道，阻碍氮氧化物、NH_3、O_2 等反应物到达活性位点，从而使催化剂的脱硝能力降低。此类原因引起的微观堵塞仅凭肉眼不易被发现，但对催化剂活性会产生较大影响，若累计时间过长会进一步导致催化剂中毒。如果燃煤的煤质较差，烟气中的飞灰还有黏性或磁性较强的物质，就容易附着在催化剂的蜂窝通道内并越聚越大，直至将气流通道完全堵死（见图9-12）。这种宏观上的堵塞会极大程度地降低催化剂的比表面积和有效反应体积，并影响反应器内流场分布，加剧剩余催化剂的磨损，极端情况下会引起催化剂层的垮塌。

图 9-12　西南某电厂催化剂严重堵塞案例

2. 化学中毒

煤在燃烧过程中会释放出一些其他组分，如碱金属、碱土金属、砷、磷、二氧化硫等。这些物质随着烟气接触到催化剂活性组分，并吸附在其上或直接与其发生化学反应，从而导致催化活性下降。

（1）碱金属。根据《中国煤种资源数据库》统计，我国煤中碱金属含量占0％～2.4％，其中中碱煤（碱金属含量为0.3％～0.5％）及高碱煤（碱金属含量大于0.5％）的比例占28.94％。在烟气所有化学成分里，碱金属及其化合物对脱硝催化剂的影响是最大的。研究者们普遍认为，碱金属与分散的氧化钒活性组分有强烈的相互作用，中和Brönsted酸位，降低催化剂氧化还原能力和氨气吸附能力并导致催化活性下降。以K元素为例，K会与催化剂活性组分的酸性位点如V-OH发生反应，生成V-O-K，这使催化剂表面的酸性位点和化学吸附氧被消耗。酸性位点和化学吸附氧在SCR反应中起到吸附和活化反应物质的关键作用，因此碱金属会严重影响催化剂的脱硝活性。此外，碱金属及其化合物在溶液中的反应性和流动性更强，若烟气中的水蒸气含量较高，则会加重催化剂的碱金属中毒。因此在潮湿的环境下，催化剂的中毒情况比干燥情况下更加严重。商用催化剂中的助剂W在一定程度上可以作为牺牲剂，在发生碱金属中毒时对部分活性组分起保护作用。

（2）碱土金属。Mg和Ca是烟气中含量较高且对催化剂影响较大的两种碱土金属。与碱金属类似，碱土金属也可能与活性组分发生作用，中和Brönsted酸位导致催化剂中毒。虽然燃煤中的碱土金属含量比碱金属高，但由于碱土金属的溶解性比碱金属差，因此相同当量碱土金属的毒害作用也小于碱金属。碱土金属导致催化剂中毒更常见的方式是其金属氧化物与烟气中的三氧化硫反应，生成相应硫酸盐所引起的孔道堵塞。以氧化钙为例，飞灰中的氧化钙会沉积在催化剂的表面，并附着在其孔道上，此过程相对较慢。烟气中的部分二氧化硫也会被催化剂氧化为三氧化硫。烟气中的三氧化硫会逐步扩散至氧化钙的内部，并与之发生反应生成硫酸钙，使得其体积增大，把催化剂孔结构堵死造成失活。在整个过程中，氧化钙的沉积相对最为缓慢，因此作为速率控制步骤，氧化钙的浓度对催化剂的微孔堵塞有着重要影响。一般来说，通过反应器内吹灰的方式可以减轻碱土金属的盐类堵塞造成的影响，但细小颗粒进入催化剂孔结构内部所造成的堵塞相对更难消除。

（3）重金属。我国的煤中均含有一定量的砷，并主要以砷黄铁矿（FeAsS）的形式存在。煤在燃烧过程中，这部分砷会被氧化，形成以 As_2O_3 为主的砷氧化物。砷是引起催化剂中毒的主要原因之一，煤中的砷质量分数若超过 3×10^{-6}，催化剂的活性就会出现明显下降。气态的 As_2O_3 分子尺寸远小于催化剂微孔尺寸，因此易扩散进入催化剂微孔内。在 O_2 的作用下，As_2O_3 会吸附在催化剂表面 V^{5+}-OH 酸性位点上，As^{3+} 被氧化为 As^{5+}，而 V^{5+} 被还原成 V^{4+}，V^{5+}-OH 酸性位点的减少导致了催化剂活性的下降。反应所生成 VAs_2O_7（V^{4+}）稳定性很低，烟温较高时极易分解并被带走，造成不可逆的活性组分流失。此外，随着烟温的降低，砷的氧化物也会发生凝结并直接沉积在催化剂表面活性位点上。一般来说，若催化剂中的助剂为 Mo 而非 W，就能在一定程度上遏制 As 中毒情况的发生。这是由于 WO_3 几乎不与烟气中的 As 反应，而 MoO_3 则易与 As 反应生成 $MoAs_2O_7$ 和 $Mo_4As_{10}O_{35}$，从而改变 As 的吸附位点，减少甚至避免活性组分 V_2O_5 与 As 发生反应而失活。

（4）酸性物质。统计数据显示，我国大多数煤中磷含量小于 1wt.％，少数煤中磷的含量达到 2wt.％～3wt.％，个别煤样中检测到磷的含量高达 6.36wt.％。在煤燃烧过程中，磷的化合物会转变为反应性较高的气态化合物。研究表明，磷的部分化合物如 P_2O_5、H_3PO_4 和磷酸盐等也会对脱硝催化剂产生影响。磷对催化剂的作用机理一般来说，是由于 P 取代了 V-OH 及 W-OH 中的 V 和 W，并生成 P-OH 基团。P-OH 的酸性相对较弱。虽然在 P 含量较低时，其对催化剂活性影响不大；但若含量过高，则会减弱催化剂的酸性和 NH_3 吸附能力，进而影响催化剂脱硝效率。P 也会与催化剂 V＝O 活性位反应生成 $VOPO_4$ 等物质，减少活性位数量。此外，磷酸钙和磷酸等造成的催化剂孔堵塞和孔凝聚也可能导致其失活。

硫对脱硝催化剂的影响也一直备受关注。在催化剂活性组分负载量较低、分散性较好时，二氧化硫对脱硝活性影响不大。甚至由于形成的表面 SO_4^{2-} 加强了 Brönsted 酸位，一定程度上能促进催化剂脱硝活性。但若活性组分含量较高，较强的氧化性会导致二氧化硫被氧化为三氧化硫。三氧化硫易与烟气中的 NH_3 和水蒸气反应，不但使得还原剂 NH_3 被消耗，生成的硫酸氢铵和硫酸铵也会覆盖活性位点导致催化剂失活。硫酸氢铵的形成随 NH_3 浓度的增加而增加，高 NH_3/SO_3 摩尔比将促进硫酸氢铵的形成。当运行温度提升到酸露点以上时，硫酸氢铵将蒸发不易沉积，催化剂活性将恢复。

目前我国脱硝催化剂平均使用年限为 3 年，超过使用期限后，由于以上原因，催化剂产生失活，无法满足继续使用的要求，必须对其进行更换，从而产生了大量的废旧催化剂。

二、国家对于废旧脱硝催化剂的相关规定

1. 废旧脱硝催化剂的危害

"危险废物"一词，是自 20 世纪 70 年代起，随着人类对环境和安全的逐渐重视及相关研究的发展推进而流行起来的。由于方针、政策或社会环境等的影响，目前各个国家、地区或机构对危险废物的定义并不完全统一。根据《中华人民共和国固体废物污染环境防治法》的规定："危险废物，是指列入国家危险废物名录或者根据国家规定的危险废物鉴别标准和鉴别方法认定的具有危险特性的固体废物"。《危险废物鉴定标准通则》规定："危险废物是指列入国家危险废物名录或者根据国家规定的危险废物鉴定标准和鉴别方法认定的具有腐蚀性、毒性、易燃性、反应性和感染性等一种或一种以上危险特性，以及不排除具有以上危险特性的固体废物"。

《国家危险废物名录》规定：具有下列情形之一的固体废物和液态废物，列入本名录：（一）具有腐蚀性、毒性、易燃性、反应性或者感染性等一种或者几种危险特性的；（二）不排除具有危险特性，可能对环境或者人体健康造成有害影响，需要按照危险废物进行管理的。

脱硝催化剂本身成分 V_2O_5 和 WO_3 具有一定毒性，其中 V_2O_5 是剧毒物质。金属钒毒性很低，但钒化合物对人及动物有中度或高度毒性，其毒性作用与钒的价态、溶解度、摄取的途径等有关。价态越高，毒性越大，作为脱硝催化剂主要活性组分的 V_2O_5 中 5 价钒的毒性比 3 价钒的毒性大 3～5 倍。钒在人体内不易蓄积（但每天摄入 10mg 以上或每克食物中含钒 10～20μg，可发生中毒），故人一般只发生急性中

毒。接触钒的有些人可发生荨麻疹、过敏性湿疹样皮炎、剧烈瘙痒等，若接触大量含钒化合物的烟气和粉尘后，首先出现鼻和眼的刺激症状，然后发生呼吸道刺激症状，继而再发生消化道和神经系统症状。钒的毒性除上述明显的急性中毒外，尚有生殖毒性、胚胎毒性，可能还有致突变、致畸、致癌等毒性。

除了钒以外，脱硝催化剂在使用过程中会受到烟气和粉煤灰的污染，其中含有一定量的类金属和重金属（如铍、铅、砷、铬和汞等）会附着在催化剂的表面，使其成为含有各类有害成分的危险废物。国内部分燃煤电厂产生的废烟气脱硝催化剂的危险特性分析结果表明，废旧催化剂主要危险特性为浸出毒性，其中铍、砷和汞的浸出浓度超过《危险废物鉴别标准浸出毒性鉴别》（GB 5085.3—2007）指标要求。具有浸出毒性的危险废物可能对生态环境，尤其是水环境等带来潜在污染问题。

2. 国家对废旧脱硝催化剂的规定

鉴于钒钛系废旧脱硝催化剂中 V_2O_5 所具有的毒性，以及烟气中所含重金属等物质对催化剂造成的二次污染，原环境保护部在 2014 年 8 月 5 日发布的《关于加强废烟气脱硝催化剂监管工作的通知》中将废脱硝催化剂（钒钛系）纳入危险废物进行管理。在 2016 年 8 月 1 日起正式施行的新版《国家危险废物名录》中，将废钒钛系烟气脱硝催化剂危废类型定为 HW50，工业来源为"环境治理"。新版的《国家危险废物名录》更加明确了废旧脱硝催化剂的危险废物来源及类别，对废旧脱硝催化剂的处置提出了更为专业化的要求，国家对其的监管力度也将更加严格。2010 年原环境保护部发布的《火电厂氮氧化物防治技术政策》，明确提出"失效催化剂应优先进行再生处理，无法再生的应进行无害化处理"，"鼓励低成本高性能催化剂原料、新型催化剂和失效催化剂的再生与安全处置技术的开发和应用"。2014 年 8 月 19 日，原环境保护部发布的《废烟气脱硝催化剂危险废物经营许可证审查指南》指出，"针对收集的废烟气脱硝催化剂（钒钛系），应以再生为优先原则。而因破碎等原因而不能再生的废烟气脱硝催化剂（钒钛系），应尽可能回收其中的钒、钨、钛和钼等金属"。因此，对脱硝催化剂使用和处理的监管力度将进一步加大，国家将为废脱硝催化剂（钒钛系）的再生、利用和处理事业，提供政策保障和支持。

3. 我国面临的形势

2016 年全国火电机组装机容量超过 10 亿 kW，到 2017 年底，全国火电机组装机容量已接近 11.0 亿 kW。2015 年底，李克强总理在国务院常务会议上决定，我国将全面实施燃煤电厂超低排放和节能改造，进一步大幅降低发电煤耗和污染排放。按照《关于实行燃煤电厂超低排放电价支持政策有关问题的通知》及《全面实施燃煤电厂超低排放和节能改造工作方案》中的要求，到 2020 年全国所有具备改造条件的燃煤电厂力争实现超低排放（即在基准氧含量 6% 条件下，烟尘、二氧化硫、氮氧化物排放浓度分别不高于 10、35、50mg/m³）。因此，在 2015 年底，全国完成火电厂烟气脱硝工程总量达到 5.7 亿 kW，截至 2017 年底，已投运火电厂烟气脱硝机组容量约为 9.6 亿 kW，占全国火电机组容量的 87.3%。截至 2018 年年底，全国达到超低排放限值的煤电机组达 8.1 亿 kW，约占全国煤电机组总装机容量的 80%，其中 95% 以上使用 SCR 脱硝技术。

在超低排放的大背景下，目前燃煤电厂普遍开始启用备用层，催化剂需用量将从 0.8m³/MW 提升至约 1.1m³/MW。根据《电力发展"十三五"规划（2016—2020年）》，至 2020 年，我国将计划新增火电机组约 2 亿 kW，届时火电厂脱硝催化剂的装填量将稳定在 120～140 万 m³。按照平均使用周期 3 年估算，未来我国每年报废的脱硝催化剂将在 40 万 m³ 左右，约 20 万 t。随着相关政策及技术要求的进一步严格，未来数年内脱硝催化剂报废将面临更加严峻的形势，急需对其进行规范合理的处置。

三、废旧脱硝催化剂的处置要求及主要技术路线

（一）处置要求及政策导向

从定义上看，由于自身含有 V_2O_5、WO_3（或 MoO_3）等有毒氧化物，以及燃煤飞灰中的砷、汞、铅等重金属物质所导致的浸出毒性，废旧脱硝催化剂应属于危险废物。从经济性角度来看，大部分废旧脱硝催化剂具有可再生价值，且再生催化剂成本不足新鲜催化剂的一半。即使无法进行再生，废旧脱硝催化剂的主要成分五氧化二钒、三氧化物、二氧化钛等也都是有价值的金属资源，具有巨大的资源化回收利用价值，可以促进相关产业的良性循环发展。因此废旧脱硝催化剂若得不到妥善处理或合理利用，不仅会对环境造成二次污染、增加污染治理成本，也是对资源的极大浪费。

2010 年，原环境保护部发布《火电厂氮氧化物防治技术政策》，明确提出"失效催化剂应优先进行再生处理，无法再生的应进行无害化处理"，"鼓励低成本高性能催化剂原料、新型催化剂和失效催化剂的再生与安全处置技术的开发和应用"。2014年 8 月 19 日，原环保部发布的《废烟气脱硝催化剂危险废物经营许可证审查指南》（以下简称《指南》）指出，"针对收集的废烟气脱硝催化剂（钒钛系），应以再生为优先原则。而因破碎等原因而不能再生的废烟气脱硝催化剂（钒钛系），应尽可能回收其中的钒、钨、钛和钼等金属。根据不同的生产工艺，可采用浸出、萃取、酸解

或焙烧等措施对废烟气脱硝催化剂（钒钛系）中的钒、钨、钛和钼进行分离，分离过程均不得对环境造成二次污染"。因此，对脱硝催化剂使用和处理的监管力度将进一步加大，国家将为废脱硝催化剂（钒钛系）的再生、利用和处理事业，提供政策保障和支持。目前，对废旧脱硝催化剂的处理主要可分为再生、资源化利用和固化/稳定化处置三条技术路线。

（二）废旧脱硝催化剂再生技术

《指南》中规定：废旧脱硝催化剂的再生是指采用物理、化学等方法使废烟气脱硝催化剂（钒钛系）恢复活性，并达到烟气脱硝要求的活动。由于各电厂燃煤煤质、锅炉特性、运行工况等方面的差异，其脱硝催化剂失活原因也不尽相同，且往往是多种原因复合作用的结果，并不是所有失活的催化剂都可以再生，再生过程也并非套用固定工艺模板即可。一般来说，影响废旧脱硝催化剂能否再生的主要因素是其失活原因和再生的难易程度。一般来说，因积灰或金属附着沉积引起的失活较容易进行再生处理，再生潜力较大。而物理结构破坏较大、烧结或严重中毒引起永久性失活的催化剂，就很难或无法进行再生处理，再生潜力较小。因此，针对废旧脱硝催化剂首先应进行检测，分析导致其失活的原因，进而判断其是否具有再生价值。不具备再生价值的催化剂可进一步考虑是否进行资源回收利用，或进行固化/稳定化处置。具备再生价值的催化剂，依据其分析结果，制定针对性的再生方案。

1. 典型再生工艺路线

由于电厂运行情况各有不同，催化剂失活原因也较为复杂，采用单一的技术很难满足其再生要求。实际应用中往往多种手段结合，使用复合工艺实现废旧脱硝催化剂的再生。较为典型的再生工艺流程见图 9-13。

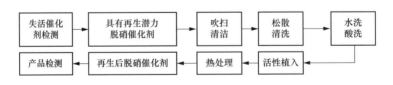

图 9-13　失活催化剂再生典型工艺流程图

（1）失活催化剂检测。通过对失活催化剂的各项物理、化学性能进行检测，分析催化剂现状，选择出具有再生潜力的脱硝催化剂，确定其失活的原因，制定可行的再生方案。吹扫清洁：使用压缩空气对催化剂进行吹扫，将催化剂表面及孔道内松散的粉尘。

（2）松散清洗。单纯使用压缩空气吹扫无法完全清除催化剂孔道内的堵塞物，采用湿法清洗辅助鼓泡、超声等方式对催化剂进行松散处理，进一步去除催化剂孔道内的有害附着物，如颗粒物等，提高催化剂的孔隙率。

（3）水洗、酸洗。对于产生中毒的催化剂，烟气中有害化学成分附着或作用在催化剂活性位点上，无法单纯使用物理清扫的方式去除。因此首先使用去离子水冲洗掉附着在催化剂表面的可溶性盐类，再使用稀硫酸或稀硝酸清除碱金属及碱土金属离子等，部分恢复催化剂的活性位。

（4）活性植入。通过再浸渍的方法，补充催化剂使用过程中，以及再生前步工序中（如水洗、酸洗过程）损失的催化活性组分 V_2O_5（五氧化二钒）、助剂 WO_3（三氧化钨）和 MoO_3（三氧化钼）等，使催化剂重新活化，以满足脱硝系统设计要求。

（5）热处理。对重新活化后的催化剂进行干燥，除去大部分的水分，再进行煅烧，完全活化和稳定所植入的催化活性组分，并增加催化剂机械强度，以满足最终使用需要。

（6）产品检测。对再生后的脱硝催化剂必须再次进行检测，确认其再生效果是否能够满足使用要求。

此外，在再生企业生产过程中，常规运动机械（如风机、空气压缩机）会产生噪声污染；在非生产环节中，也会产生诸如地面冲洗水、初期雨水等污染，其中可能包含有重金属离子等污染物。

在污染物处置过程中也会伴随二次污染物的产生。如废水处理中产生的污泥、废活性炭、废滤料等；废水蒸发产生的废盐；清洗废气、酸雾过程中产生的废水等。对于不同环节产生的废水、废气、固体废物和噪声污染等，需要引起重视并采取相应手段应对。

2. 国外行业现状

国外脱硝催化剂再生工业化应用起步于 20 世纪 90 年代。经过近二十年发展，目前成功面向市场的专业催化剂再生技术公司主要包括德国 Ebinger-Kat（埃宾杰）、德国 Steag、德国 Evonik、美国 Coalogix（科杰）、美国 SCR-Tech 和韩国 KC Cottrell（凯希）等。

（1）德国 Ebinger-kat（埃宾杰）。1997 年，德国 ENVICA 公司率先开发出一种利用超声波结合声化学处理对脱硝催化剂进行清洁、复原和再生的技术。1998 年，ENVICA 公司和德国最大能源公司之一 HEW 合作开发了废烟气脱硝催化剂再生技术，并逐步在德国实现大规模推广应用。2006 年，ENVICA 公司改名为 Ebinger-

Kat，公司业务包括催化剂再生、拆卸安装、运输和失活催化剂储存，其再生能力达 $20\sim40$ m^3/d。该公司至今在世界范围共实现了包括蜂窝式、波纹板式和平板式品种在内的约 6 万 m^3 废烟气脱硝催化剂再生，服务范围涵盖 BASF（巴斯夫）、CORMETECH（康美泰克）、BHK（巴布科克日立）、CERAM（富蓝德）、TOP-SOE（托普索）、KWH 等国际主流脱硝催化剂品牌。该公司是脱硝催化剂再生行业鼻祖，其超声波技术广泛应用于欧美等发达国家，并获得了良好效果。

（2）德国 Steag。Steag 是德国最大的能源企业之一。Steag 再生工厂设在北卡罗来纳州国王山，已经有二十多年 SCR 运行和维护经验以及十几年催化剂再生经验。Steag 催化剂再生方法主要来源于自主研发，部分来源于 Ebinger-kat。目前已经累计再生各类催化剂达 $55000m^3$。

（3）德国 Evonik。1997 年，德国 Evonik 开始进行催化剂清洗再生服务。2007 年，作为美国第二家提供脱硝催化剂再生服务商，Evonik 开始提供再生服务。2011 年，Evonik 将其在再生公司主要股份出售给了 Steag。

（4）SCR-Tech。2001 年，ENVICA 公司和一家德国顾问公司（E&EC）共同成立 SCR-Tech 公司。2003 年，该公司美国分部开始在美国推广脱硝催化剂再生业务。目前，SCR-Tech 公司已完成超过 $11000m^3$ 废烟气脱硝催化剂再生。2016 年，SCR Tech 和 Steag 合资成立为 Steag SCR-Tech 公司。

（5）Coalogix。2007 年，通过 SCR-Tech 技术转让，美国 Coalogix 公司成立。目前，该公司在美国占有 85% 以上的脱硝催化剂再生市场。已再生脱硝催化剂超过 $70000m^3$，其中涵盖了蜂窝式、平板式和波纹式在内的多种脱硝催化剂。

此外，国外还有德国 EnBW（巴登威腾）、奥地利 Ceram 公司和韩国 NANO 等公司从事脱硝催化剂再生业务。其主要应用技术仍是超声波清洗技术。

3. 国内行业现状

我国从事废烟气脱硝催化剂再生服务企业的技术来源主要包括以下三方面：①引进和吸收国外技术，如 Coalogix、Steag 和韩国 nano 等。②国内科研院所自主研发技术，主要包括浙江大学和北京低碳研究所等。③企业自主研发技术，包括江苏肯创和国电投远达等企业。具有代表性的脱硝催化剂再生企业情况如下：

（1）龙净科杰。龙净科杰环保技术（上海）有限公司由福建龙净环保股份有限公司与美国 Coalogix 公司于 2013 年 1 月在上海注册成立。是一家专业从事脱硝催化剂再生、SCR 管理服务、催化剂性能检测和废烟气脱硝催化剂无害化处理等的高新技术企业。该公司第一家再生工厂已于 2014 年 12 月正式投产。通过完整引进国外脱硝催化剂再生技术，在 2015 年 6 月获得了原江苏省环保厅颁发的临时废烟气脱硝催化剂危险废物经营许可证。目前催化剂再生规模为 80000m³/年。

（2）江苏肯创。江苏肯创催化剂再生技术有限公司与华南理工大学合作，开发了拥有完全自主知识产权的脱硝催化剂再生工艺。2015 年 11 月，该公司获得了原江苏省环保厅颁发的临时废催化剂危险废物经营许可证。目前其处理规模为 12500m³/年。

（3）重庆远达。国电投重庆远达催化剂综合利用有限公司也开发了具有自主知识产权的脱硝催化剂再生工艺。该公司于 2016 年 4 月取得了 1 年有效期限危险废物经营许可证，处理规模为 8000t/年。

（4）苏州华乐等。苏州华乐大气污染控制科技发展有限公司、浙江润虹环境科技有限公司、河北汉唐宏远环保科技有限公司和宁波诺威尔大气污染控制科技有限公司均为专业从事脱硝催化剂再生、管理及无害化处置的企业。通过引进浙江大学自主研发技术建成固定式催化剂再生生产线，并分别取得了地方环保厅颁发的废烟气脱硝催化剂危险废物经营许可证。其再生规模已分别达到 20000、15000、6000m³/年和 17000m³/年。

（三）废旧脱硝催化剂资源化利用技术

《指南》中指出，废旧脱硝催化剂的资源化利用是指"采用物理、化学等方法，从废烟气脱硝催化剂（钒钛系）中提取钒、钨、钛和钼等物质的活动"。一般来说，对于首次失活的催化剂，约有 70%～80% 结构保存较为完整的可以进行再生。在催化剂的整个生命周期中，最多可再生三～四次。而对于多次再生，以及结构破坏明显、活性严重下降或发生不可逆失活丧失再生潜力的催化剂，只能对其进行资源化回收利用或最终处置。

1. 资源化利用的意义

废旧脱硝催化剂中约含有 80 wt.% 的 TiO_2、5 wt.% 的 WO_3 和 1 wt.% 的 V_2O_5，资源化利用价值最高的也是这几种金属。

钒是一种重要的合金元素，主要用于钢铁工业。含钒钢具有强度高、韧性大、耐磨性好等优良特性，因而广泛应用于机械、汽车、造船、铁路、航空、桥梁、电子技术、国防工业等行业，其用量约占钒消耗量的 85%。钢铁行业的用量在钒的用途中占最大比重，钢铁行业的需求直接影响到钒市场行情。大约有 10% 的钒用于生产航天工业所需的钛合金。钒在钛合金中可以作为稳定剂和强化剂，使钛合金具有很好的延展性和可塑性。此外，钒在化学工业中主要作为催化剂和着色剂。钒还被用于生产可充电氢蓄电池或钒氧化还原蓄电池。

钨是一种战略金属，是国家的重要战略资源，具有极为重要的用途。它是当代高科技新材料的重要组成部分，一系列电子光学材料、特殊合金、新型功能材料及有机金属化合物等均需使用独特性能的钨。世界上开采出的钨矿，约50%用于优质钢的冶炼，约35%用于生产硬质钢，约10%用于制钨丝，约5%用于其他用途。钨可以制造枪械、火箭推进器的喷嘴、穿甲弹、切削金属的刀片、钻头、超硬模具、拉丝模等，钨的用途十分广泛，涉及矿山、冶金、机械、建筑、交通、电子、化工、轻工、纺织、军工、航天、科技等各个工业领域。虽然我国钨资源在数量上占有绝对优势，但近些年钨资源储量急速下降，对钨资源进行回收利用是必然趋势。

钛是20世纪50年代发展起来的一种重要的结构金属，钛合金具有密度低、比强度高、耐蚀性好、导热率低、无毒无磁、可焊接、生物相容性好、表面可装饰性强等特性，广泛应用于航空、航天、化工、石油、电力、医疗、建筑、体育用品等领域。世界上许多国家都已经认识到钛合金材料的重要性，相继对其进行研究开发，并得到了实际应用。钛白粉（二氧化钛TiO_2），是一种十分稳定的氧化物，具有优良的光学和颜料性能，主要用作白色无机颜料。它的无毒、最佳的不透明性、最佳白度和光亮度，被认为是目前世界上性能最好的一种白色颜料，广泛应用于涂料、塑料、造纸、印刷油墨、化纤、橡胶、化妆品等工业。

2017年以来原料价格不断上涨，至2018年6月纯钛白粉价格约为1.6万元/t，钛钨粉价格约为2.1万元/t，偏钒酸铵价格约为19万元/t。此外，将废旧催化剂直接作为危险废物进行处置，也会带来额外的处理成本和潜在的环境污染风险。因此相对固化、填埋等最终处置手段，进行资源化回收利用是更有意义、经济效益更好的处理方式。

2. 资源化利用的主要手段

（1）掺烧利用。废弃脱硝催化剂可以作为液态排渣炉的炉渣流动剂，代替或部分代替原流动剂。与常规煤粉炉相比，液态排渣炉燃烧室温度较高，炉渣呈液态，冷却后形成致密颗粒，将有害成分转为不可浸出物质，对有毒物质起到固化、包裹和稳定的作用，其危害将大大减小。但在高温的环境中，原本吸附于催化剂表面的砷、汞等易挥发成分可能重新回到烟气中，有造成二次污染的风险。因此，此种处理方式对锅炉的尾气处理有要求，其与燃煤的具体掺配量也需根据废催化剂中有毒物质的种类和含量确定。

（2）建材原料。可将经物理破碎、研磨后的废弃催化剂粉末掺混进沥青、水泥、陶瓷等建筑材料中。但由于废弃催化剂中成分复杂，对生产出的建筑材料的性能会产生一定的影响。例如掺混进水泥，会减小混凝土的强度，增大其渗透性。采用该法的重点在于探索掺混比例对产品性能的影响，以及其中有害元素的浸出率及对环境的影响。

（3）钢铁原料。由于催化剂模块中含有不锈钢等金属框架，板式催化剂使用金属丝网作为支撑结构，其金属成分含量较高，所以可将其作为钢铁厂的原料处理。回收过程中将催化剂模块直接吊装进入熔炉中，将其中的铁成分（模块框架和金属丝网）高温转化后回收，其他成分则作为炉渣处理。此方法运行中炉膛的高温，也可能使催化剂上吸附的易挥发成分进入尾气，需配套的烟气处理装置以避免二次污染的产生。

（4）新催化剂原料。将废旧催化剂处理后作为原料，按一定比例添加进新鲜进料中，用于制造新的催化剂。这既缓解了目前快速增长的催化剂处置压力，又减少了原料矿石的使用，达到节约成本和推动行业可持续发展的目的。但作为新催化剂制备的辅助原料，其掺配量受到废催化剂的组分及其中有毒物质含量的影响，掺入量较大时，会对制成的新催化剂性能如保水率、比表面积、机械强度等造成影响，相关技术有待进一步研究。

（5）金属元素回收利用。采用湿法冶金的方式，将SCR废催化剂中的钒、钨、钛等有效成分回收利用，既降低废SCR废催化剂的最终产生量，又能产生一定的经济价值。但该工艺的难点在于钒、钨、钛等各种金属成分相互作用较强，分离提取较为困难，相关工艺尚未完全成熟。钒、钨等的含量较低，无形中也增加了其实际运行成本。

从我国国情角度出发，将废旧脱硝催化剂作为新催化剂原料或进行金属元素回收利用是目前实用价值较高、发展前景较广的技术手段，随后将对这两种方法的现状进行详细介绍。

3. 废旧催化剂作为新催化剂原料

目前国内市场上废催化剂的主流回收处置及资源化利用方法，是将废催化剂经除杂、粉碎、性能调整，制备成钛钨粉，用作新催化剂的生产原料。此种方法主要借助再生清洗工艺，但在粉体除杂、微观性能重整方面做得不彻底，制备的催化剂性能相比全新粉体制备的催化剂，有一定程度下降。将废催化剂制成钛钨粉的技术，国内各厂家在主体技术上差别不大，在细节上各有所长。

江苏龙清环境技术有限公司目前拥有1万t/年废脱硝催化剂回收生产线，并在正常生产，二期的 2 万 t/年生产线待建。该公司以废脱硝催化剂为原料，结合硫酸法制钛白粉的生产技术，采用物理、化学处理手段，将废催化剂制成钛钨粉，销往脱硝催化剂厂用作催化剂生产原料。其技术优点是：①增加了对粉末的化学处理手段，提高了粉末的应用性能。②产品的粒度和 BET 指标在一定范围内可控。

江苏龙净科杰脱硝催化剂有限公司目前拥有两条再生线和一条回收线，其中每条再生线可再生催化剂 $20000 m^3$/年，回收线可处置催化剂 $40000 m^3$/年，共再生和处置废催化剂约 $80000 m^3$/年。同时，新建了 4 条脱硝催化剂生产线，年产新催化剂 $8000 m^3$。该公司的回收技术是基于催化剂再生处理，将除杂后的废催化剂直接粉碎、表面整形，制成钛钨粉，用于新催化剂的生产原料。技术优点是：基于成熟的再生技术，粉体除杂比较彻底，产品纯度较高。

安徽思凯瑞环保科技有限公司目前拥有 $60000 m^3$/年的催化剂回收生产线，并在正常运行，另外正在建设二期工程的 $60000 m^3$/年的催化剂回收生产线。该公司回收技术主要是将废脱硝催化剂经除杂、粉碎、颗粒控制，制成钛钨粉，用作脱硝催化剂生产原料。技术优点是：①除杂彻底，产品纯度高，Fe 等含量低。②颗粒重整使产品粒度、BET 指标可控。

目前国内已有回收处置生产线的公司，回收技术千差万别，生产出的粉料理化性能指标虽然无限接近新鲜粉料指标，但应用性能仍差别较大，无法互相替用，缺乏统一化、标准化生产的能力。再生产品性能也有待加强，在用于催化剂生产时，其保水性、可塑性等明显差于新鲜粉料；当替代比例逐渐增大时，成品率会逐渐下降，甚至出现无法成型的现象。国内火电厂分布较广，废旧催化剂产地分散、运输成本高。据调研，目前废催化剂运输成本约为 1 元/(t·km)，极大影响生产收益，回收粉料销路也不可控。如果自行建立回收工厂，从废催化剂回收的粉料只有单一销路，即用作自有催化剂生产厂的催化剂生产原料。现阶段废催化剂回收粉料数量较少，新催化剂生产量相对较大，新催化剂生产能完全消耗掉现有的回收粉料。但是从 2017 年开始，废旧催化剂大量涌现，而新催化剂将稳定于单层更换量，两者相比，新催化剂生产过程将不能全部消耗掉全国产生的废催化剂回收粉料，回收粉料用途单一，将造成粉料销路受阻。该技术总体成熟度还有待进一步提高。

4. 废旧催化剂金属元素回收利用

在废旧脱硝催化剂中，钒、钨、钛、钼等金属元素是需要回收的主要成分。目前针对这几种元素的回收技术主要分为湿法和干法两类。首先对废催化剂进行除尘、破碎、酸洗、焙烧、研磨等预处理步骤，随后通过强酸、强碱浸渍（湿法）或固体碱混合焙烧（干法）等手段实现钒、钨（钼）、钛元素的分离；在此基础上，结合钒、钨、钛的化学特性分别得到偏钒酸铵、五氧化二钒、钨酸铵、二氧化钛等物质。

（1）TiO_2 回收工艺。TiO_2 在废旧脱硝催化剂中所占比重超过 80 wt.％，因此从催化剂中回收 TiO_2 很有价值。目前从催化剂中回收 TiO_2 主要采取将其转变为固相，通过水洗过滤后与其他组分分离获得。

1）钛酸盐沉淀分离法。主要通过将废旧催化剂与固体碱碳酸钠混合煅烧，生成的偏钒酸钠、钼酸钠都溶于水；而钛酸钠难溶，加水分离即可得二氧化钛。

2）硫酸沉淀分离法。与目前硫酸法生产钛白粉类似，在经过预处理步骤的废旧催化剂粉末中加入稀硫酸，得到 $TiOSO_4$，随后浓缩水解分离得到二氧化钛不溶物。但是此种方法会导致部分微溶的三氧化钨或三氧化钼无法与二氧化钛分离，需要后续工段进行二次提纯。

（2）V_2O_5 回收工艺。在废旧脱硝催化剂中，钒主要以 V_2O_5 和 $VOSO_4$ 的形式存在，其中后者比例有时可达 40％～60％，这主要是由于催化剂运行过程中的失活导致的。目前提取 V_2O_5 的方法有很多种，关键步骤是钒的浸出和从浸出液中沉淀出 V_2O_5。整体上看，从废旧催化剂中回收 V_2O_5 可以参考目前较为成熟的钒提取工艺。

1）还原浸出-氧化法。将含钒废催化剂粉碎后加入去离子水并煮沸，在高温无氧状态下使用还原剂（二氧化硫或亚硫酸钠）将 V_2O_5 还原为＋4 价硫酸钒酰的形态进入液相，然后加入氧化剂将其氧化为 V_2O_5 形成沉淀，并将其提取出来。

2）酸性浸出-氧化法。将含钒废催化剂粉碎后加入盐酸或硫酸溶液，将金属钒浸入液相，通过过滤除去其他金属后，加入氯酸钾将钒全部氧化为＋5 价钒。通过调节 pH 值，煮沸溶液提取出 V_2O_5 沉淀。

3）碱性浸出-氧化法。V_2O_5 为两性氧化物，既可使用酸液，也可以使用碱液浸取回收。使用氢氧化钠或碳酸钠溶液在 90℃下浸出催化剂中的金属钒，过滤后调整 pH 值至 1.6～1.8，煮沸溶液提取出 V_2O_5 沉淀。

4）高温活化法。将废旧催化剂直接进行高温活化，然后用碳酸钠溶液浸出，同时使用氧化剂将＋4 价钒氧化为＋5 价钒，过滤、浓缩得到高纯度钒溶液。再加入氯化铵形成偏钒酸铵沉淀并进行提取。

（3）WO_3 和 MoO_3 回收工艺。一般来说，将 TiO_2 及 V_2O_5 回收后，剩余物质的主要成分就是 WO_3 或 MoO_3 了。工业上提取钨、钼的工艺有两种，即碱式提取法和酸式提取法。碱式提取法主要有氢氧化钠溶液浸取分解法、碳酸钠焙烧-水浸法以及碳酸钠加压浸出法等，钨、钼转化为钨酸钠、钼酸钠进入溶液中以实现三氧化钨、三氧化钼的浸取。酸式提取法主要有盐酸浸取法和硝酸浸取法，钨、钼以粗钨、钼酸的形式被提取。钨、钼化合物被以钨酸钠、钼酸钠的形式浸出后进一步进行富集、提纯。由于镧系收缩效应的影响，钨和钼的原子半径、化学价态、溶液中的化学性质等都极为接近，分离起来较为困难。但目前绝大多数国产脱硝催化剂都仅使用 WO_3 或 MoO_3 的其中一种作为助剂，很少同时使用这两种助剂。如果存在同时使用 WO_3 和 MoO_3 的情况，从经济性角度考虑，对 WO_3 和 MoO_3 无需额外进行分离，共同回收既可。

5. 行业现状

催化剂可再生次数是有限的，经过一定次数的再生后，最终都要面临废弃。由于废旧脱硝催化剂中含有各种有价值的金属及化合物，对其进行提取和资源回收利用既可节约资源，也可防止其造成环境污染。目前各国都对废旧催化剂的资源化回收利用展开了研究。

美国的含贵金属废旧催化剂的回收利用产业相当成熟，由于回收催化剂中贵金属的价值远超过其回收成本，因此几乎所有的贵金属冶炼厂都从事含贵金属废旧催化剂的回收利用工作。近年来，含有其他有价金属的废旧催化剂回收利用工作也逐渐展开，其中就包括了废旧脱硝催化剂的回收利用。美国的废旧催化剂回收组织为催化剂废弃服务部（Catalyst Disposal Services），主要负责协调美国的废旧催化剂回收事宜。由于美国法律规定进入环境前的有害物质必须转化为无害物质，所以在美国废旧催化剂不允许随意处置，掩埋需要缴纳巨额税款。多年来，美国已经形成专门的催化剂回收产业，综合性、多部门、跨学科制定研究计划，解决废旧催化剂的回收问题。

日本由于金属资源较为匮乏，各种催化剂原料主要依赖进口，所以十分重视资源的回收利用。日本自20世纪50年代开始就展开了废旧催化剂中金属的回收工作。1970年日本就颁布了关于固废处理与清除的法律，确认废旧催化剂为环境污染物。1974年日本成立了专门的废旧催化剂回收利用协会，统筹规划废旧催化剂的资源化回收利用，其中一些会员企业专门负责回收钒系催化剂。在该协会的组织下，日本就催化剂的生产和使用展开调查，并根据废旧催化剂的形状、组成、载体、污染程度、中毒情况、生产规模等因素，对废旧催化剂进行了合理分类，并针对性制定了相应的回收处置工艺。

欧洲各国也十分重视废旧催化剂的资源化回收利用工作，并通过立法等手段有效推进了废旧催化剂的回收处置。德国在 1972 年颁布的废弃物管理法律就规定废弃物必须作为原材料再循环使用，以提高废弃物对环境的无害化程度。该国的迪高沙公司 1986 年就已开始用补集网回收铂网催化剂。英国的 ICI Katalco 公司于 1991 年5 月与 ACI Industries 公司一起制定了催化剂管理措施（Catalyst care Programme），从来源、处理办法、工艺、运输等多方面对废旧催化剂进行一条龙的综合服务。

我国的废旧催化剂回收工作起步较晚，废旧脱硝催化剂的回收工作更是近几年的新兴领域。由于我国燃煤电厂脱硝系统总体投运时间较短，所以国内目前对废旧脱硝催化剂的回收处理尚没有出台明确的政策规定，国内也尚无专门从事废旧脱硝催化剂回收工作的公司。催化剂中 V_2O_5 的含量也较低，仅为 0.5 wt.%～1 wt.%，无法归为废钒类催化剂。就目前工艺而言，废钒催化剂回收企业在钒、钨的分离提纯工艺上仍存在较多难点。随着未来数年废旧脱硝催化剂的数量大幅度增长，开展对废旧脱硝催化剂资源化回收利用技术的研究迫在眉睫。

（四）废旧脱硝催化剂处置技术

对于无法再生，也不具备资源化条件的废旧脱硝催化剂，必须使用最终手段对其进行处置。焚烧处理是目前广泛采用的危险固废处置方法，但是废旧脱硝催化剂是相对致密的固体物质，焚烧法无法有效减小其体积，也无法产生热量进行利用，反而会由于催化剂中吸附的砷、汞等物质的挥发造成环境污染。单纯进行填埋是处置手段中最为简单、技术含量最低的一种方式。原环保部环办函〔2014〕990 号文《关于加强废烟气脱硝催化剂监管工作的通知》指出，不可再生且无法利用的废烟气脱硝催化剂（钒钛系）应交由具有相应能力的危险废物经营单位（如危险废物填埋场）处理处置。针对废旧脱硝催化剂，安全填埋法是最终处理手段，经过回收、无害化处置后所剩下的危险废弃物大部分都采用该方法处理。

目前实现安全填埋的主要处理手段是固化处理和稳定化处理。固化处理是指将废弃物与易聚结成固体的惰性基材混合，使固体废物固定在惰性固体基材中，具有化学稳定性或密封性；而稳定化处理是指利用稳定剂、固定剂絮凝等，将有毒物质或危险废物颗粒转变为低溶解性、低毒性及低迁移性的物质。固化/稳定化处理效果的三个重要衡量标准是有害物质浸出率、增容比和抗压强度，固化体不能对环境造成二次污染，最好能以资源的形式如建筑材料等加以二次利用。虽然将废旧脱硝催化剂进行处理后安全填埋，减小了对环境的危害，但也造成了资源的浪费，不是目前处置废旧催化剂的最好选择。但是由于催化剂可再生次数有限，若没有科学妥当的回收利用手段，最终都将面临废弃的命运。

四、存在问题及建议

（一）脱硝催化剂需要实施精细化管理

火力发电是我国目前最主要的发电形式，长期以来为国民经济的发展做出了巨大贡献，但也相应带来了许多环境问题，其中就包括氮氧化物的污染问题。国家目前正积极推进能源和产业结构调整、大力推动重点行业和领域污染减排和深度治理。2015 年起，我国全面实施燃煤电厂超低排放和节能改造，进一步大幅降低发电煤耗和污染排放。目前电力行业总体产能过剩，对火电机组提出的深度调峰要求，也为燃煤电厂脱硝系统带来了全负荷运行挑战。在实行超低排放以前，电厂的脱硝系统运行管理相对较为粗放。部分电厂即使按照要求建好了脱硝装置，但也投运较少，甚至未实际运行。彼时脱硝系统所承受的压力较小，性能未得到充分发挥，装置设计和系统管理上可能存在的隐患未被发现。超低排放的实施对脱硝效率提出了更加严格的要求，大部分燃煤机组脱硝效率要求达到或超过 90％。深度调峰的全负荷运行需求也给火电机组提出了全负荷范围脱硝达标运行的要求。然而，目前国内外大多数的脱硝运行诊断和催化剂性能检测都属于离线式，必须在机组停运阶段测试脱硝装置及催化剂的各项参数，对除理化性质外的催化剂实际运行状态缺乏足够了解，对未来运行风险缺乏足够评估。在超低排放和全负荷运行的新形势下，现行技术已无法满足火电机组脱硝装置高效运行的需求，大量脱硝装置带病投运，暴露出的各类问题直接影响其运行稳定性和可靠性，也造成了脱硝催化剂运行状况不佳、失活脱硝催化剂大量产生的情况。

进入信息革命时代以来，国家有关互联网＋和大数据等相关政策陆续出台，基于工业的大数据分析、人工智能等与能源环保产业的结合更加紧密，这也为脱硝催化剂进行精细化管理提供了政策支持和技术保障。对于脱硝催化剂的精细化管理，主要是在催化剂的全寿命阶段，通过大数据平台和人工智能系统对脱硝系统进行针对化管理：在设计选型阶段，通过开发和完善基于大数据的神经网络算法，指导催化剂按照特定电厂的工况条件进行针对性设计。在供货阶段，进一步强化现有的催化剂入厂检测制度，并将检测数据反馈至大数据平台，持续完善大数据样本数量，为在线诊断模型提供数据参考。在运行阶段，通过对机组运行的实时跟踪和智能诊断，提升脱硝系统的运行风险防范能力并提供管理建议。在报废阶段，提前预估催化剂寿命周期，通过大数据平台的经验反馈，更有针对性地提出催化剂更换、再生或处置方案，尽可能为电厂节约运行成本。从总体上看，大数据分析和人工智能网络可以通过历史数据的挖掘，寻找特定环境、特定工况下脱硝系统的最佳运行方案，并进行更加稳定可靠的在线诊断与风险预测。基于大数据分析的脱硝催化剂精细化管理平台不仅有利于保障火电机组在超低排放时代的安全稳定高效运行，还有利于降低运行成本，延长催化剂的使用寿命。

（二）脱硝催化剂需要实施更加科学的报废处置技术路线

由于其自身性质和特点，废旧脱硝催化剂属于危险废物。我国目前针对固体废物的污染防治主要遵循"三化"原则，即减量化、资源化、无害化。

目前对废旧脱硝催化剂进行再生循环利用，主要是遵循减量化原则。未来催化剂再生的工作重点，应致力于提升复合再生工艺流程的技术水平，对废旧脱硝催化剂进行针对性再生，使其能够达到新鲜脱硝催化剂性能指标，满足循环使用的要求。

对废旧催化剂中有价金属进行回收利用，或作为新催化剂原料进行循环生产，主要是遵循资源化原则。该项工作未来的重点，应是开发出科学合理、产业化前景较好、具有很高适用性、行业内广泛认可的技术路线成果，并逐步有序推进相关产业标准化进程。

对废旧脱硝催化剂进行最终处置，主要应遵循无害化原则。对于危险废物的处理，必须严格遵循国家各项相关政策和法规，合理、最大限度地将危害废物与生物圈相隔离，减少有毒有害物质释放进入环境的速度和总量，将其在长期处置过程中对人类和环境的影响减至最低程度。

（三）脱硝催化剂产业需要全方位发展

在当前形势下，我国脱硝催化剂产业目前面临着诸多问题和挑战。受上游原料价格上涨影响，脱硝催化剂企业运行成本不断提高，原材料已成为制约行业发展的一个重要因素。目前脱硝催化剂相关产品技术更新较为缓慢，产品功能较为单一，已逐渐无法满足现阶段逐渐严格的超低排放运行和管理要求。未来数年，我国废旧脱硝催化剂总量将呈现爆发式增长，但相应的废旧催化剂监管办法仍旧缺失，处置技术规范有待完善。以上问题，首先需要国家出台相关政策，从源头上进行引导，提升行业规范化、标准化程度。其次，需要相关产业的理念和技术革新，以更优质的产品和服务，满足燃煤电厂超低排放时代高效稳定运行要求。最终目标，是将脱硝催化剂产业建设为资源节约、循环利用、与环境和谐的循环经济产业模式。

参 考 文 献

[1] 邢璐. 全球气候治理与中国电力发展 [J]. 中国电力企业管理，2017 (12)：42-44.

[2] 许子智，曾鸣. 美国电力市场发展分析及对我国电力市场建设的启示 [J]. 电网技术，2011，35 (6)：161-166.

[3] 嵇建斌. 美国经济发展与电力需求关系对中国电力发展的启示 [J]. 电网与清洁能源，2012，28 (8)：16-19.

[4] 王志轩. 中外电力发展比较及启示 [J]. 中国电力企业管理，2009 (10)：25-28.

[5] US Energy Information Administration. Consumption for electricity generation by energy source：total (all sectors) 1949-2010 [DB]. US Energy Information Administration，2011.

[6] BP. Statistical review of world energy full report 2015 [R]. BP，2015.

[7] 王圣，朱法华，孙雪丽. 火电行业氮氧化物减排从哪里着手？[J]. 环境保护，2011 (13)：11-13.

[8] 王魏，鸢园，别璇，等. 燃煤电厂超低排放控制设备改造前后物耗和能耗分析 [J]. 电力科学与工程，2017，33 (1)：15-20.

[9] 朱法华. 燃煤电厂烟气污染物超低排放技术路线的选择 [J]. 中国电力，2017，50 (3)：11-16.

[10] 朱法华，王圣. 煤电大气污染物超低排放技术集成与建议 [J]. 环境影响评价，2014，7 (5)：25-29.

[11] 赵海宝，郦建国，何毓忠，等. 低低温电除尘关键技术研究与应用 [J]. 中国电力，2014，47 (10)：117-121.

[12] 刘含笑，姚宇平，郦建国，等. 燃煤电厂烟气中 SO_3 生成、治理及测试技术研究 [J]. 中国电力，2015，48 (9)：152-156.

[13] Mitsui Y，Imada N，Kikkawa H，et al. Study of Hg and SO_3 behavior in flue gas of oxy-fuel combustion system. International Journal of Greenhouse Gas Control，2011 (5S)：S143-S150.

[14] 胡冬，王海刚，郭婷婷，等. 燃煤电厂烟气 SO_3 控制技术的研究及进展[J]. 科学技术与工程，2015，15 (35)：92-99.

[15] 刘宇，单广波，闫松，等. 燃煤锅炉烟气中 SO_3 的生成、危害及控制技术研究进展 [J]. 环境工程，2016，34 (12)：93-97.

[16] Triscori R，Kumartexas S，Lau Y，et al. Performance evaluation of wet electrostatic precipitator at AES deep water [C]. Air and Waste Management Association 100 Annual Conference，USA，2007：1-6.

[17] Bologa A，Paur H，Seifert H，et al. Novel wet electrostatic precipitator for collection of fine

aerosol [J]. Journal of Electrostatics, 2009, 67 (2-3): 150-153.

[18] Yasutoshi U, Hiromitsu N, Ryokichi H. SO₃ removal system for flue gas in plants firing high-sulfur residual fuels [J]. Mitsubishi Heavy Industries Technical Review, 2012, 49 (4): 6-12.

[19] 陈招妹, 高志丰, 吕明玉. WESP 在燃煤电厂"超洁净排放"工程中的应用 [J]. 电站系统工程, 2014, 30 (6): 18-20.

[20] 王圣, 朱法华, 王慧敏, 等. 基于实测的燃煤电厂细颗粒物排放特性分析与研究 [J]. 环境科学学报, 2011, 31 (3): 630-635.

[21] 罗汉成, 潘卫国, 丁红蕾, 等. 燃煤锅炉烟气中 SO₃ 的产生机理及其控制技术 [J]. 锅炉技术, 2015, 46 (6): 69-72.

[22] 胡斌, 刘勇, 任飞, 等. 低低温电除尘协同脱除细颗粒物与 SO₃ 实验研究 [J]. 中国电机工程学报, 2016, 36 (16): 4319-4325.

[23] Nakayama Y, Nakamura S, Takeuchi Y, et al. MHI High Efficiency System-Proven technology for multi pollutant removal [R]. Hiroshima Research & Development Center. Japan: Mitsubishi Heavy Industries, Ltd. 2011: 1-11.

[24] Bäck A. Enhancing ESP efficiency for high resistivity fly ash by reducing the flue gas temperature [C]//Proceedings of the 11th International Conference on Electrostatic Precipitation. Berlin Heidelberg: Springer, 2009: 406-411.

[25] 陈鹏芳, 朱庚富, 张俊翔. 基于实测的燃煤电厂烟气协同控制技术对 SO₃ 去除效果的研究 [J]. 环境污染与防治, 2017, 39 (3): 232-235.

[26] 崔占忠, 龙辉, 龙正伟, 等. 低低温高效烟气处理技术特点及其在中国的应用前景 [J]. 动力工程学报, 2012, 32 (2): 152-158.

[27] 朱法华, 王圣, 郑有飞. 火电 NO_x 排放现状与预测及控制对策 [J]. 能源环境保护, 2004, 18 (1): 1-6.

[28] 王圣, 朱法华, 王慧敏, 等. 燃煤电厂氮氧化物产生浓度影响因素的敏感性和相关性研究 [J]. 环境科学学报, 2012, 32 (9): 2303-2309.

[29] 王奇伟. 某电厂烟气监测系统与脱硝自动控制改造 [J]. 中国电力, 2015, 48 (7): 120-123.

[30] 张志强, 宋国升, 陈崇明, 等. 某电厂 600MW 机组 SCR 脱硝过程氨逃逸原因分析 [J]. 电力建设, 2012, 33 (6): 67-70.

[31] 邓双, 张凡, 刘宇, 等. 燃煤电厂铅的迁移转化研究 [J]. 中国环境科学, 2013, 33 (7): 1199-1206.

[32] Deng S, Shi Y, Liu Y, et al. Emission characteristics of Cd, Pb and Mn from coal combustion: Field study at coal-fired power plants in China [J]. Fuel Processing Technology, 2014, 126: 469-475.

[33] Kang Yu, Liu Guijian, Chou Chenlin, et al. Arsenic in Chinese coals: distribution, modes of

occurrence, and environmental effects [J]. Sci Total Environ, 2011, 412 (3): 1-13.

[34] Tian Hezhong, Wang Yan, Xue Zhigang, et al. Atmospheric emissions estimation of Hg, As, and Se from coal-fired power plants in China, 2007 [J]. Sci Total Environ, 2011, 409 (16): 3078-3081.

[35] Chen Jian, Liu Guijian, Kang Yu, et al. Atmospheric emissions of F, As, Se, Hg, and Sb from coal-fired power and heat generation in China [J]. Chemosphere, 2013, 90 (6): 1925-1932.

[36] 王春波, 史燕红, 吴华成, 等. 电袋复合除尘器和湿法脱硫装置对电厂燃煤重金属排放协同控制 [J]. 煤炭学报, 2016, 41 (7): 1833-1840.

[37] 李志超, 段钰锋, 王运军, 等. 300 MW 燃煤电厂 ESP 和 WFGD 对烟气汞的脱除特性 [J]. 燃料化学学报, 2015, 41 (4): 491-498.

[38] 李海生. 多措并举防治活动大气污染 [J]. 环境保护. 2013, 24 (41): 14-17.

[39] 朱法华, 王圣, 郑有飞. 火电 NOₓ 排放现状与预测及控制对策 [J]. 能源环境保护, 2004, 18 (1): 1-6.

[40] 朱法华, 王圣, 赵国华, 等. GB 13223—2011《火电厂大气污染物排放标准》分析与解读 [M]. 北京: 中国电力出版社, 2013.

[41] 朱法华, 王临清. 煤电超低排放的技术经济与环境效益分析 [J]. 环境保护. 2014, 42 (21): 28-33.

[42] 帅伟, 莫华. 我国燃煤电厂推广超低排放技术的对策建议 [J]. 中国环境管理干部学院学报. 2015, 25 (4): 49-52.

[43] 李明君, 王燕, 史震天, 等. "超低排放"下火电环境影响评价研究 [J]. 环境影响评价. 2015, 37 (4): 18-21.

[44] 朱法华, 王圣. 煤电大气污染物超低排放技术集成与建议 [J]. 环境影响评价. 2014, (5): 25-29.

[45] 邓伟妮. 中欧火电厂烟气排放规定对比研究 [J]. 中国电力, 2015, 48 (3): 156-120.

[46] 宋国君, 赵英煦, 耿建斌, 等. 中美燃煤火电厂空气污染物排放标准比较研究 [J]. 中国环境管理, 2017, 9 (1): 21-28.

[47] 杜振, 柴磊魏, 宏鸽, 等. 燃煤机组烟气超低排放改造投资和成本分析[J]. 环境污染与防治, 2016, 38 (09): 93-98.

[48] 成新兴, 武宝会, 周彦军, 等. 燃煤电厂超低排放改造方案及其经济性分析 [J]. 热力发电, 2017, 46 (11): 97-102.